PETIT

JARDIN DE MARIE.

PETIT

JARDIN DE MARIE

OU

REFLET DES VERTUS DE LA SAINTE VIERGE

DANS LA BEAUTÉ DES FLEURS

PAR M. L'ABBÉ THIÉBAUD

Chanoine de Besançon, Vicaire général de Reims, de Montauban, etc.,
Membre des Sociétés d'Archéologie, d'Emulation, etc.

Virgini Mariæ
Deiparæ et Immaculatæ.

BESANÇON.

BULLE, LIBRAIRE-ÉDITEUR,

RUE SAINT-VINCENT, 6.

1857

PRÉFACE.

Vous qui craignez Dieu, venez, écoutez, et je vous raconterai quelques-unes des merveilles qu'il a opérées. Ps.

A peine nos *Petites fleurs*, destinées à ne paraître que dans les éphémérides d'une Revue mensuelle *, furent-elles publiées, que plusieurs ecclésiastiques voulurent bien nous en remercier gracieusement ; mais il était facile de voir que notre modeste travail

* Magasin catholique de Plancy, sous le patronage de la société de Saint-Victor, en 1855.

avait rencontré des hommes engagés dans le même sentier. Les uns nous disaient que depuis long-temps ils avaient eux-mêmes conçu la pensée de prendre pour thème de leurs instructions, pendant le *Mois de Mai,* trente fleurs des plus populaires, disposées en bouquet symbolique, et dont ils releveraient le mérite, en les comparant avec les principales vertus de la SAINTE VIERGE. Les autres nous avouaient qu'ils avaient déjà mis à exécution la même idée, et qu'ils avaient à s'en féliciter, comme d'une heureuse et utile inspiration à laquelle ils se proposaient de donner suite plus tard, enhardis qu'ils étaient par notre exemple.

Nous serions vraiment heureux si nous pouvions avoir inspiré la pensée de composer un bon livre en l'honneur de la SAINTE VIERGE. Au moins voudrions-nous aujourd'hui pouvoir faire comprendre à ceux qui ne peuvent plus vivre dans leur chambre, ni converser autant qu'ils le voudraient avec leurs livres, comment on peut encore passer agréablement son temps dans un jardin, en s'entretenant avec les fleurs de mille choses utiles.

Pour réveiller en eux tout l'intérêt qui se rattache à ce genre d'études, nous venons les inviter à promener quelquefois leurs pensées dans les sentiers solitaires d'une prairie émaillée de fleurs; ils y rencontreront un monde brillant d'ingénieux emblèmes et d'interprètes gracieux qui se distinguent les uns des autres autant par leur langage particulier que par leur parure spéciale.

C'est donc surtout pour ceux qui aiment la solitude que nous rassemblons ici quelques syllabes de ce mystérieux symbolisme qui parle à l'âme encore plus qu'aux yeux, et qui se prête si volontiers à exprimer les idées les plus élevées et les plus consolantes de la religion.

Nous croyons devoir restreindre, à un cadre tout ordinaire, les harmonies morales et religieuses que nous offrent certaines fleurs plus généralement connues, et qui, par leur synonymie ou par la consonnance qu'elles ont avec les vertus chrétiennes, nous intéressent d'avantage. Eh! pourquoi irions-nous chercher des significations mystiques dans les Cèdres du Liban, dans les Palmiers de la zône torride ou dans les Pins du Nord, quand le génie de cette langue universelle est sous nos yeux, dans notre main, à nos pieds, et qu'il peut se démontrer aussi bien dans la plus petite fleur qu'il se révèle dans la plante la plus majestueuse?

Souvent les proportions gigantesques qui frappent le plus vivement nos regards, n'en parlent pas plus éloquemment à notre âme.

Ce n'est certes pas un traité de botanique que nous avons eu l'intention de composer; voulant parler des fleurs et désirant surtout profiter des leçons de piété et de morale que nous donnent ces aimables créatures, nous nous sommes peut-être bien écarté de la route ordinaire; mais nous n'avons pas cru devoir écouter toutes ces timidités mondaines qui font souvent taire mille choses utiles, et qui privent aussi de mille grâces précieuses. Si nous osions donner un nom à notre travail, nous dirions simplement que c'est une expansion de tendresse sur quelques fleurs, et une religieuse effusion de cœur qui n'a demandé ses inspirations qu'à notre confiante dévotion envers la SAINTE VIERGE.

Il y a des écrivains, morts depuis plus de mille ans, dont nous n'avons lu qu'une page ou une phrase. Cette phrase a été pour nous un trait de lumière ; cette page nous a consolé dans un moment de tristesse. En la leur inspirant, Dieu pensait à nous. Toute notre ambition, aujourd'hui, c'est que ces quelques lignes puissent, à leur tour, arracher un instant le lecteur à ses distractions habituelles pour le porter à la pensée de Dieu, à la prière, à la reconnaissance, ainsi qu'à la piété et à la dévotion envers la **SAINTE VIERGE.**

Pour mettre plus de lucidité dans notre exposition, nous diviserons nos réflexions en deux ordres d'idées. La première partie sera consacrée à quelques observations sur *LES FLEURS EN GÉNÉRAL*.

Ces préliminaires, ainsi posés, aideront à l'intelligence des détails qui formeront l'objet de la seconde partie, sur *LES FLEURS EN PARTICULIER*.

DEXTRAM SCRIPTORIS,

BENEDICAT

MATER HONORIS.

PREMIÈRE PARTIE.

DES FLEURS EN GÉNÉRAL.

CHAPITRE PREMIER.

ANTIQUITÉ DE LA SCIENCE DES FLEURS.

Dieu a donné aux hommes la science de la vertu des plantes afin qu'ils puissent le glorifier dans ses merveilles.

ECCL.

I

Dans les brillantes familles du règne végétal, toutes les fleurs ont leur physionomie, leurs habitudes et leurs dispositions particulières qui s'harmonisent parfaitement avec leurs formes, leurs parfums et leurs couleurs. Consacrées à de tendres ou à de douloureux souvenirs, celles-ci servent d'aliment à l'amitié et à la mélancolie; celles-là rappellent des idées de gloire, de vertu et de bonheur; quelques-unes ont besoin de se réunir à d'autres pour composer entre elles le langage mystérieux des grandes solennités de naissance, de mariage et même de mort. Combien de fois les passions de ruse ou d'audace n'ont-elles pas pris, dans les fleurs, une parure ou une arme qui achevait leurs victoires?

Cet ensemble de caractères, empreint sur les œuvres les plus communes de la nature, forme pour ainsi dire un dictionnaire universel où se trouve écrit le langage sentimental des fleurs : langage du cœur, toujours doux à l'oreille, toujours clair à l'esprit, et intelligible pour tous.

II

Les significations mystiques des fleurs ne sont donc pas de pures interprétations de caprice, et moins encore l'expression des rêves de notre imagination. Les peuples les plus anciens s'en servaient déjà, comme d'une véritable langue, pour rendre leurs pensées les plus intimes. Les sauvages de l'Amérique, ces enfants du désert, ces habitants des forêts, qui savent à peine rendre leurs sentiments par des paroles, trouvent dans les fleurs toutes les expressions dont ils ont besoin pour épancher entre eux leurs joies, leurs craintes et leurs espérances; ils se parlent plus éloquemment avec des fleurs qu'ils ne pourraient le faire dans leur langue naturelle.

En Orient, où l'imagination est si vive, et où l'on est si facile à la persuasion pour le merveilleux et pour le surnaturel, il est peu de plantes auxquelles on n'ait attribué un sens symbolique. Les peuples de ces contrées ont pour cela un talent tout particulier; ils s'amusent à tresser des hiéroglyphes de fleurs, qui tantôt forment une demande en mariage, tantôt révèlent l'interprétation de quelque événement dont on peut lire la cause, l'enchaînement, le succès et même le résultat final.

C'était assez l'usage chez les peuples anciens d'entrer en gaité dans leurs repas; mais pour rappeler aux convives, qui auraient été tentés de s'en éloigner, les convenances de la discrétion, ils plaçaient ordinairement au milieu de la table un vase dont l'ouverture était fermée par des Roses de différentes couleurs; et comme ces fleurs symbolisaient déjà alors la réserve en paroles, elles semblaient recommander aux assistants le respect pour les secrets, et surtout pour les secrets de famille (1).

III

Il n'y a rien là d'étonnant pour nous, qui voyons chose à peu près semblable, en plein

(1) Quelques écrivains pensent que c'est de là que nous vient cet adage proverbial : *Malheur à celui qui osera découvrir le pot aux roses.* On ne l'emploie aujourd'hui qu'en mauvaise part.

soleil de civilisation chrétienne. Même dans l'Eglise, les fleurs ne restent pas étrangères à nos cérémonies religieuses; elles sont aujourd'hui l'ornement indispensable de toutes nos fêtes. Une soirée sans fleurs, une noce sans bouquets, serait incomplète. On pourrait même dire que les fleurs ont eu leur régime parlementaire; car la politique elle-même a souvent pris une fleur pour l'emblème de sa devise. Le Chardon en Écosse, la Rose en Angleterre, le Lis, l'Œillet, et même la Violette en France, ont eu chacun leur règne moral et leur époque de faveur.

Charlemagne, Louis VII, Philippe-Auguste, mirent des fleurs de Lis dans leurs armes; et c'est Charles-Quint qui en fixa le nombre à trois. En 1815, lorsque Napoléon aborda le sol français, il avait un bouquet de Violettes qu'il distribua à ses amis, et bientôt cette fleur devint le signal d'un ralliement qui devait servir les intérêts de l'Empire. La Rose rouge et la Rose blanche nous rappellent les dissensions de l'Angleterre, lorsque les deux maisons royales d'York et de Lancastre se disputaient le sceptre de ce royaume. Dans d'autres circonstances beaucoup plus ordinaires, les fleurs facilitent aussi l'appréciation des événements populaires et en donnent l'interprétation. Un postillon, par exemple, qui est chargé d'une grande nouvelle, ne manque jamais de se couronner de fleurs et d'en orner le coursier qui le porte, assuré qu'il est de mieux attirer par là l'attention publique sur son message, que s'il criait à tue-tête qu'il est envoyé extraordinaire. Ce n'est pas non plus sans motifs que l'usage s'est introduit chez les charpentiers et les maçons d'attacher des fleurs au faîte des bâtiments nouveaux qu'ils viennent de construire. Le jour où se terminent leurs périlleuses entreprises est pour eux un jour de joie, et c'est une pensée de reconnaissance qui les porte à couronner ainsi leurs travaux par un bouquet. Ils chargent, en quelque sorte, ces fleurs de porter au Très-Haut l'expression des sentiments qu'ils éprouvent pour avoir été heureusement préservés de tout accident fâcheux, malgré les dangers inséparables de leur pénible condition.

Chacun sait, et l'enfance elle-même comprend, qu'offrir une fleur à quelqu'un, c'est lui exprimer des vœux, c'est lui parler. Pour moi, je ne peux jamais voir, en été, un Fraisier dans une caisse, sur une fenêtre, sans qu'il me rappelle un pauvre déporté, retenu en prison, loin de ses amis de famille ; comme aussi quelques fleurs dans une chambre, soignées pendant les froids d'hiver par de simples ouvriers, sont toujours pour moi l'enseigne de la bienveillance et d'une cordiale hospitalité. La délicieuse compagnie de ces fleurs rend en quelque sorte la demeure du pauvre plus aimable; elles l'embaument d'un parfum perpétuel qui est comme l'expression de leur reconnaissance pour les soins qu'elles reçoivent.

IV

C'est dans les fleurs que les peuples les plus anciens du monde, les Chinois et les Egyptiens, ont puisé leurs premiers signes alphabétiques C'est aux plantes les plus salutaires et les plus renommées qu'ils ont emprunté la composition de leurs lettres et de leur écriture vulgaire. Chez d'autres peuples enfants, on a reconnu que les archives religieuses, politiques et administratives avaient été primitivement formées sous le symbole de différentes fleurs. Ils y ont ensuite groupé des animaux pour représenter plus vivement les caractères qu'ils voulaient exprimer; et ainsi ils eurent plusieurs alphabets. Mais il paraît que l'alphabet végétal ou celui des fleurs est le plus ancien; on dirait qu'il a servi de fondement à tous les autres On retrouve, en effet, dans les caractères radicaux de certaines écritures chinoises, toutes les courbes et toutes les volutes des racines végétales, ainsi que les formes de certaines fleurs qui leur étaient plus familières. C'est par là que les Chinois sont arrivés à une si grande simplification d'idées, ou, si l'on veut, à une si grande hardiesse de lettres, qu'une seule suffit souvent pour exprimer une pensée et pour représenter tout un sentiment.

Encore aujourd'hui, chez les peuples indiens, la passion des fleurs est poussée si loin qu'ils écrivent habituellement les principaux épisodes de leur vie, et même des histoires complètes, sur leurs vases, sur les étoffes et sur les papiers de leurs appartements, au moyen de certaines fleurs dont la symétrie significative est devenue une science traditionnelle et tout-à-fait populaire.

CHAPITRE DEUXIEME.

VIE MORALE DES FLEURS.

Il y a sous nos yeux une foule de choses qui suffisent pour émerveiller notre intelligence. SAP.

I

On pourrait presque dire que les fleurs sont comme les hommes. Elles ont leurs affections de famille, leurs tribus, leur pays natal et leur postérité. Elles aspirent et elles expirent; elles vivent et elles meurent. Le soleil est pour elles une partie de leur vie, et la terre, leur mère, est aussi leur tombeau commun.

Quand les savants et les botanistes parlent des fleurs et des plantes, on dirait qu'ils décrivent des êtres animés. Lèvres, masque ou figure des plantes, doigts, mains, griffes, veines, sexe, santé, lait, ongles, génération, voyages, naissance, perfectibilité, mort, tous ces termes dont ils se servent en parlant des fleurs, nous disent qu'on les considère comme des personnages doués de certaines facultés intellectuelles.

Il y a des fleurs qui ont le talent de tourner le dos au vent pour éviter le choc de la contrariété; semblables à des girouettes, leur floraison est réglée sur l'irrégularité de l'air; ou bien elles sont pourvues de coussinets, comme d'un bourrelet qu'une mère met à la tête de son enfant pour le préserver des accidents de quelque chute. Les unes, bien munies de capuchons à réverbères, de pavillons ou de parasols, peuvent paraître dans tout leur éclat sans craindre l'action trop violente du soleil; les autres, destinées à ne paraître que le soir ou le matin, ne portent avec elles aucune de ces garanties. Il y en a que l'on pourrait même appeler amphibies, à cause des caractères volatiles et nautiques de leurs graines.

Si nous les observons plus attentivement, nous les verrons voyager, quitter leur patrie pour aller s'établir dans des régions où leur utilité et leur élégance encore inconnues vont chercher fortune. Elles n'ont pas, comme nous, pour se transporter d'un lieu à un autre, les moyens rapides de la vapeur; mais elles ont à leur service les grands vents d'automne qui les portent encore plus directement. Si quelques-unes veulent traverser les fleuves et les mers, elles savent alors assortir leurs formes aux éléments de transport nécessaires à leur dissémination; et leur natabilité est toujours proportionnée à la longueur des voyages qu'elles doivent faire, comme l'homme prudent qui ne se met en route qu'avec les provisions dont il aura besoin. La graine des unes représente une véritable coquille propre à voguer long-temps ; la graine des autres est façonnée en forme de petite jonque ou de pirogue, qui peut résister aux plus violents orages ; quelques-unes, renfermées dans de petits sabots osseux recouverts d'une peau imperméable, ressemblent à un steamer avec son écoutille ; quelques autres sont pourvues d'ailes membraneuses semblables à celles d'un papillon, qui les soutiennent sur l'eau, comme des radeaux flottants à voiles déployées ; d'autres encore confient leurs amandes à de petits tonneaux fermés comme des bouteilles qui peuvent faire de longs trajets, sans prendre jour. Semblables à nos vaisseaux sous-marins, elles partent ainsi pour aller faire, sur d'autres continents, la richesse des rivages où elles échouent.

Pour peu que l'on observe ces trajectiles que Dieu a doublés partout, en faveur des petits et des faibles, on reste persuadé que les premiers hommes qui ont voulu exploiter les courants ont pris leurs différentes manières de voguer d'après tous ces modèles de la nature, dont nous ne sommes, dans nos prétendues inventions, que de vrais imitateurs : ainsi, la baie de l'If, qui seplaît dans les montagnes, est souvent entraînée dans sa chute au fond de l'eau; mais elle est creusée en forme de grelot dans lequel il se loge une bulle d'air, qui, par un mécanisme plus ingénieux que celui de la cloche de nos plongeurs, la ramène bientôt à la surface et la dépose sur le bord des lacs, où cette plante prospère à merveille.

Il est vrai que les fleurs n'arrivent jamais à articuler des sons, comme certains animaux; mais elles n'en ont pas moins d'instinct pour leur propre conservation; et, dans une foule de circonstances, cet instinct de leur nature ressemble à de l'intelligence.

Voyez ces oiseaux des montagnes se plaire à arroser leurs plumes des eaux du ciel; voyez-les étendre leurs ailes pour mieux recevoir la pluie, ou se laver dans quelque fontaine solitaire; tandis que les oiseaux des plaines marécageuses ou des étangs restent jour et nuit sur l'eau et s'y plongent continuellement sans pouvoir mouiller un seul fil de leur plumage. Or, les plantes en font autant : celles qui vivent dans des terres arides recueillent la pluie avec leurs langues taillées en écopes; d'autres, qui habitent les hautes montagnes et qui ont toujours soif, comme les Pins, attirent et conservent les vapeurs de l'atmosphère au moyen de l'agrégation de leurs feuilles faites en pinceaux. Il n'y en a aucune qui ne tende son éventail ou son cornet, sa large coupe ou sa petite tasse, selon ses besoins, ou d'après le poste qu'elle occupe, pour ne rien perdre de ce qui lui vient du ciel; voyez, au contraire, les plantes qui vivent dans les marais et sur le bord des rivières, comme les Nymphéas, les Roseaux et les Joncs, voyez-les repousser les eaux par leur feuillage uni, lustré, huileux ou répulsif qui ne peut ni se mouiller, ni leur servir d'aqueducs, par la raison qu'elles n'éprouvent jamais la soif ni le besoin d'être arrosées.

II

A la vue de tant d'harmonies providentielles, nous nous sentons invités à entrer dans les vues de Dieu. L'industrie particulière à chaque plante nous montre comment il a pourvu à la conservation des moindres créatures qui sont sorties de ses mains; la science qu'elles déploient et le langage que ces humbles plantes parlent ensemble, nous engagent à bénir celui qu'elles adorent à leur façon. Enfin, les traités d'alliance qu'elles font tous les jours entre elles, en se transportant d'un bout du monde à l'autre, nous révèlent l'admirable unité que le Seigneur a mise dans ses ouvrages. Tandis que le commerce échange, à si grands frais, les produits de son industrie, il ne faut que le souffle des tempêtes pour réunir les fleurs les plus variées dans les lieux les plus éloignés et dans les climats les plus différents.

Les plantes savent même dire leur âge à qui veut les interroger. Dans nos arbres, chaque année de leur vie s'annonce par autant de cercles annuels ou de couches concentriques grossissant proportionnellement leur tronc. On compte ainsi l'âge d'un Sapin ou d'un Chêne par les zônes ou par les veines qui forment son diamètre; tandis que Nous, race coupable, nous sommes obligés de compter par jour notre vie, ces patriarches de forêts comptent la leur par siècle, et, après des siècles, ils n'ont encore rien perdu de leur sève et de leur vigueur. Que de monuments grecs et romains, dont toutes les pierres étaient ancrées de fer, ont disparu! Il n'est resté autour de leurs ruines que les cyprès qui les ombrageaient.

Quant à la croissance progressive que subissent quelques autres plantes annuelles, ce sont les mois qui leur fournissent les indications nécessaires pour nous faire arriver à la connaissance de leur âge; plusieurs de nos plantes potagères ont, à partir de la peau, des couches assez distinctement superposées, en nombre toujours égal à celui des mois lunaires qu'elles ont mis à croître.

III

Ces curieux phénomènes, que les plantes étalent à notre admiration, s'accomplissent avec une si invariable constance, que l'on serait souvent tenté de les rapporter à une cause qui a conscience d'elle-même.

Ainsi, on est peut-être parvenu quelquefois à déranger les habitudes de certaines fleurs en les forçant, par exemple, à dormir en plein jour et à veiller pendant la nuit; mais ce n'est qu'en les traitant comme des êtres raisonnables qu'on cherche à tromper, à force de précautions, en les mettant le matin dans l'obscurité, et en les exposant le soir à la grande clarté des flambeaux. Toutefois, on peut bien contrarier ainsi les habitudes réglées de certaines fleurs, mais on n'arrive pas toujours à les changer. Ce serait en vain que l'on essaierait de faire grimper un Liseron en sens inverse du contour qu'il a pris en naissant : à cette condition, cette plante volubile ne consentira jamais à s'attacher en spirale au soutien qu'on lui offrira.

Le moment de l'épanouissement des fleurs n'offre pas à nos yeux des phénomènes moins étonnants de régularité. Plusieurs d'entre elles pourraient, au besoin, nous servir d'horloge ou de baromètre; il ne serait pas impossible de trouver vingt-quatre fleurs bien connues, dont chacune s'ouvre régulièrement, à l'une ou à l'autre des vingt-quatre heures du jour ou de la nuit, et qui se referment également à des heures si périodiquement déterminées, qu'en les nommant on pût savoir l'heure fixe qu'on a voulu indiquer. Le savant Linnée en avait dressé un tableau auquel il avait donné le nom d'Horloge de Flore.

La certitude avec laquelle certaines fleurs nous prédisent les variations de temps n'est pas moindre que celle qui nous indique les heures du jour et de la nuit. Voyez la *Piloselle* et la *Mouronnette* annonçant un jour serein lorsque leurs fleurs s'épanouissent de bonne heure; il faut au contraire s'attendre à la pluie chaque fois que ces fleurs restent fermées après sept heures du matin. Les *Laitrons* ont encore des habitudes plus régulières : la veille des jours de pluie, ces fleurs demeurent ouvertes toute la nuit, comme si elles voulaient se dédommager d'avance du mauvais temps qu'elles prévoient, et qui les obligera à rester fermées pendant la triste journée qui se prépare.

C'est ainsi que la vertu hygrométrique de ces plantes présage, d'assez loin, les changements de temps. Toutefois, si certaines fleurs ont la mission de nous annoncer les variations ordinaires de l'atmosphère, et de devancer le beau temps, d'autres au contraire sont chargées de nous prédire la brusque arrivée des grands phénomènes de température et des pluies d'orage : c'est à la *Drave* printannière, qui a bien soin de pencher sa tète à l'approche de la pluie, c'est à l'*Oxalis* surtout, et aux *Trèfles*, qu'il faut recourir; ils ne manquent jamais de replier leurs feuilles et de prendre une attitude de tristesse un moment avant la tempête.

IV

Croyant ou incrédule, que l'on fasse profession de bel esprit ou que l'on ne suive que les impressions de la nature, je n'imagine pas un sang si froid que l'on puisse assister sans émotion au spectacle de ces merveilles. Faisant abstraction de leur magnificence extérieure, je parle de l'idée qui respire dans chacun de ces phénomènes; car il est des pensées que la botanique seule ne dicte pas et sur lesquelles, si je puis m'exprimer ainsi, l'on a marché toute sa vie, sans les voir; mais dès que c'est au flambeau du sentiment religieux qu'on les étudie, et que c'est avec les yeux de la foi qu'on les contemple, elles frappent tout-à-coup, elles éblouissent, elles s'emparent tellement de notre esprit, qu'il n'est alors pas une plante qui ne soit féconde en réflexions de sagesse, pas une petite fleur d'où ne jaillisse une pensée sainte.

Voyez ces fleurs qui se courbent et qui pleurent sous le vent humide de la tourmente, pour se redresser ensuite et sourire aux premiers rayons du soleil! Oh! que leur attitude est instructive!..... Dans ces jours où le bras du Seigneur nous frappe, et où nous sentons la terreur des jugements de Dieu passer sur nos têtes, que ne nous est-il donné à nous-mêmes de garder toujours notre foi, afin qu'après avoir courbé nos fronts sous le vent de la trop juste indignation du ciel, notre confiance renaisse aussi aux douces lueurs de la miséricorde, et que notre cœur se remette à l'œuvre par le repentir et la réparation!

CHAPITRE TROISIÈME.

POÉSIE DES FLEURS.

> Que tout ce qui a vie, même les graines de la terre, bénisse le Seigneur et chante sa gloire.
> Ps.

I

Les couleurs et les parfums qui semblent exprimer dans certaines fleurs un caractère plus solide qu'aimable, et dans d'autres plus de mérite que de bonté, nous initient dans les secrets du monde en nous révélant tantôt la solide amitié des âmes vertueuses, tantôt l'égoïsme des beautés vaniteuses et superficielles. Aussi, l'innombrable phalange des fleurs a-t-elle de fidèles interprètes de toutes nos passions et de tous nos sentiments. Chacune d'elle a pour ainsi dire sa moralité et son expression. Amour, gaîté, respect, confiance, protection, éloignement, douleur et mélancolie, tout est peint en émouvantes couleurs ou en suaves parfums.

L'étude des fleurs a toujours été une source de jouissances pour les grandes âmes et surtout pour les âmes poétiques; souvent ces natures élevées, dont les noms sont devenus historiques, se sont emparées de ces aimables productions pour les faire servir au langage mystérieux qu'elles voulaient établir entre l'ordre moral et l'ordre physique de ce monde.

Chacun connaît cette fable de la mythologie où l'on voit la fameuse *Myrrha*, qui, à force de pleurer ses faiblesses, intéressa les Dieux en sa faveur et obtint d'être changée en arbre; mais après cette métamorphose, elle n'en continua pas moins à pleurer sa faute, et ses pleurs, tombant de ses branches, formèrent les gouttes de cette myrrhe dont les larmes cristallisées étaient déjà pour l'antiquité un précieux parfum spécialement réservé aux sacrifices, et que l'Eglise catholique elle-même, a toujours adopté comme encens dans ses cérémonies religieuses.

II

Le langage moral des fleurs a quelquefois une expression qui va droit au cœur de l'homme qui médite. L'infortuné Roucher, dont la tête allait tomber sous la hache révolutionnaire envoyait, du fond de son cachot, à sa fille chérie, un Lis desséché, voulant par là lui exprimer l'innocence de son âme et le triste sort qui l'attendait. Il y a même des âmes cruelles qui sont émues au spectacle de la nature végétale : Danton, complice des malheurs du 2 septembre, s'écriait en soupirant dans le silence de sa prison : Ah! si je pouvais au moins voir un arbre!

La moralité des fleurs constitue, en effet, un symbolisme si beau et si expressif, que presque tous les arts ont emprunté son secours. La sculpture imite les fleurs dans ses ornements, l'architecture en embellit ses édifices, la peinture s'enrichit de ses propres richesses.

Il est vrai que les fleurs ne prient pas; mais l'harmonie qui règne entre leurs feuilles, leurs fleurs, leurs fruits et leurs parfums, est un véritable concert qui chante la toute-puissance de la création, et qui exalte la gloire de Dieu. C'est la plus belle image de nos hymnes sacrées. Dans nos campagnes, toutes ces fleurs, dont la religion charge ses autels, sont la vive expression des vertus de ces jeunes vierges qui les ont cueillies. En hiver, surtout, quand nous voyons nos temples embellis par quelques fleurs naturelles échappées à la rigueur de la saison, nous pensons aux cœurs purs qui ont gardé leur innocence au milieu des tempêtes de la vie, et nous aimons à croire qu'il y a dans ces paroisses d'heureuses exceptions nourries et fortifiées dans la sagesse par la dévotion envers la sainte Vierge.

Vous savez aussi que de choses se disent poétiquement, dans un sentier embaumé des senteurs légères d'une prairie émaillée de fleurs, qui ne se disent jamais dans la rue, même la plus déserte. Oh! combien d'autres remarques pleines de charmes et d'intérêt qui seraient autant de leçons pour notre cœur, si nous consentions à n'en être pas spectateurs inattentifs ou dédaigneux! Que de jouissances perdues pour les yeux qui n'étudient ces belles choses qu'en passant et avec indifférence! Quel profit ne pourrions-nous pas retirer nous-mêmes des leçons de piété et de morale que la douce poésie des fleurs semble murmurer sur notre passage, si notre insouciance habituelle ne les laissait sans cesse dans un trop regrettable oubli?

III

La poésie l'emporte sur la peinture parce qu'elle peint à l'âme ce que la peinture ne représente qu'aux yeux; mais les fleurs parlent tout à la fois aux yeux et à l'âme; et leur langage a précisément pour objet ce que le cœur et l'âme ont le plus d'intérêt à savoir; car la langue des végétaux a cela de merveilleux qu'elle parle de Dieu à toutes les nations.

Le Blé, ainsi que toutes les autres céréales, ne proclame-t-il pas, par son mode de végétation, la plus solennelle des sentences qui ait jamais été portée contre l'humanité, lorsque, pour la dernière fois, le Tout-Puissant fit entendre sa voix irritée dans le jardin d'Eden? N'est-il pas bien remarquable que le Blé, qui est cosmopolite comme l'homme sur cette terre, ne se ressème jamais de lui-même comme tant d'autres plantes qui se perpétuent toutes seules, avec moins de moyens de reproduction que cette graminée? Les voyageurs et les savants botanistes assurent, en effet, que le Blé ne se trouve nulle part à l'état naturel, et qu'il dégénère ou se dénature et devient infécond dès qu'il est privé de culture.

Comment ne pas voir, dans la force constante de cette observation, que si, d'une part, la Providence veut que le Blé soit nécessaire à la vie du genre humain, et que, d'autre part, elle ne veut cependant pas que cette substance alimentaire fructifie sans culture, c'est qu'elle se repose rigoureusement sur le travail de l'homme pour la reproduire. Si donc la main du laboureur peut seule conserver au froment son principe vital, ne trouvons-nous pas dans ce fait invariable la sanction matérielle, palpable de cette antique malédiction portée contre le premier homme, lorsque Dieu lui dit dans sa colère : *Tu te nourriras à la sueur de ton front, et le pain que tu mangeras sera arrosé de tes larmes!* Et comment, après cela, ne pas reconnaître que cette terrible malédiction est encore aujourd'hui en permanence contre l'humanité tout entière?

Le Bananier nous rappelle aussi des croyances non moins vénérables, et qui semblent avoir également leur base dans les traditions primitives. Les Portugais, qui les premiers abordèrent les Grandes-Indes, crurent apercevoir dans le Bananier un souvenir du premier homme sortant du jardin de délice que la munificence de Dieu lui avait préparé.

En effet, ils crurent voir dans le tronc de cet arbre, une espèce de forme humaine; les larges feuilles vertes qui le recouvrent, à une certaine hauteur, leur figuraient assez bien la ceinture sous laquelle Adam, coupable et honteux, crut devoir se cacher après sa désobéissance; ils virent dans son régime, terminé par un cône violet, un genre de coiffure humaine; son fruit dépouillé de son caire, formant avec ses trois trous l'image naturelle d'un nez et de deux yeux, leur offrit une ressemblance assez parfaite avec la tête d'un mort. La plante sarmenteuse du Bétel, qui tourne en spirale autour de cet arbre, leur figura naturellement la forme du serpent qui tenta nos premiers parents dans le paradis terrestre; enfin, en coupant transversalement le noyau de son fruit ils crurent encore y apercevoir le signe de la rédemption; et c'est d'après toutes ces analogies qu'ils nommèrent cet arbre Figuier d'Adam.

IV

Mais au lieu d'aller chercher au loin des exemples, empruntons nos études aux végétaux qui nous environnent et qui sont à la portée de tout le monde. Voyez cet arbre arrivé à la plus haute période de son âge; il reste encore long-temps debout sans grandir davantage, sans se dessécher complètement, mais en dépérissant progressivement comme il a grandi. Que le vent de l'orage arrive, ce vieux arbre témoigne à peine quelque mouvement dans ses branches, tandis que les Noisetiers s'inclinent devant lui, par respect, comme devant un supérieur; les Mousses qui le recouvrent l'embrassent plus étroitement alors comme un vieux ami, et les Bouleaux du voisinage tremblent de peur ou de colère. Quand la Providence veut le prévenir de sa mort, par une lente caducité, on dirait qu'elle prend soin de lui en voiler l'époque, en honorant sa vieillesse par des guirlandes de pampres toujours vertes, et en décorant sa tige et ses branches par des mousses fraîches de toutes couleurs.

On croirait voir ces petits enfants qui jouent et folâtrent sans cesse, en présence de leurs grands-parents, sans songer au lendemain et sans se douter qu'il y ait autre chose pour eux que les amusements dont ils jouissent.

Ce sont vraiment là les différents âges de la vie humaine, avec leurs joies, leurs craintes et leurs passions; c'est l'ignorance fougueuse de l'enfance à côté de l'expérience calme de la vieillesse; ce sont les agitations de la vie auxquelles ces vieux Chênes ne prennent plus de part. Ils ont vécu dans un autre siècle, et ils abandonnent avec indifférence les ambitions sociales à l'ardeur d'un âge qui ne leur appartient plus que par des souvenirs, et trop souvent peut-être par des regrets.

Où pourrions-nous trouver de la poésie plus belle et plus instructive?

CHAPITRE QUATRIÈME.

PHILOSOPHIE DES FLEURS.

Cultivez la sagesse et attendez le temps de la moisson. SAP.

I

Sans vouloir nous élever ici jusque dans les hautes régions philosophiques, si nous prêtons seulement notre bon sens habituel aux leçons que les fleurs nous donnent, elles éclaireront notre raison sur bien des points.

Il y a peu de fleurs qui n'offrent à nos regards quelques analogies de formes, de couleurs et de parfums, dont les sages anciens ou modernes n'aient emprunté certaines métaphores pour exprimer les mœurs de l'humanité, et pour peindre les différentes phases de la vie.

Dabord il y a l'âge des illusions ; et les fleurs elles-mêmes, qui semblent se prêter à les fortifier, ont cependant de graves enseignements pour nous prémunir contre leurs dangers. Si les fleurs ont pour la jeunesse des paroles d'espérance et des invitations à la joie, elles ont aussi leur langage pour les circonstances les plus solennelles et les plus sérieuses de la vie.

Pendant l'été, qui est la plus vivante période de l'année, tout brille, tout se développe, tout produit, tout paraît en habits de fête ; la nature, si riche de végétation, si luxuriante de verdure, embellit alors la terre de fleurs aux couleurs les plus variées. Sans doute le spectacle de ces beaux jours d'été réjouit notre cœur et repose délicieusement nos regards ; mais vient un temps où la terre perd sa verdure ; les fleurs se flétrissent et une teinte grisâtre étend son voile de deuil sur toute la terre ; on croit alors entendre le cri plaintif de la nature mourante dans chacune des feuilles qui tombent et que le vent emporte : c'est l'automne; c'est bientôt la mort pour toutes les beautés les plus éclatantes de nos jardins.

De même aussi il est un temps où la santé humaine étale ses couleurs rosées, ses nuances vermeilles et délicates, ses robustes allures de courage et de force : c'est la jeunesse, c'est l'âge mûr, c'est l'été de la vie; mais voilà que cette première ardeur et cette force d'adolescence commencent à passer avec les feux de l'été. Déjà nos traits se fanent, nos membres s'alourdissent, notre front se charge de rides, nos cheveux blanchissent et tombent comme les feuilles : c'est l'automne pour nous; c'est bientôt la vieillesse, et personne n'ose nous le dire. Les fleurs seules semblent en avoir le droit, et notre amour-propre écoutera peut-être, de leur part, des avis qu'il n'aurait jamais consenti à recevoir de personne.

S'il est vrai que les fleurs sont la joie de la

saison qui les voit naître, et si les fruits sont la gloire de la tige qui les porte, combien aussi de fleurs qui, une fois mères ne reprennent plus leur premier éclat et touchent déjà à leur déclin? Emblème sévère de toutes ces mères de famille qui, encore éprises de la vanité de leur jeunesse déjà passée, ne voient pas le ridicule qu'elles se donnent en voulant faire renaître la joie du printemps, quand le temps de la moisson est déjà passé pour elles. Toutes ces fleurs fanées, que nous rencontrons alors sur nos pas, semblent chargées par la nature de dire aux femmes mondaines que leurs coquetteries ne sont plus de mise avec une bouche édentée ou avec une figure aussi discordante. Tels sont les avertissements des fleurs d'automne.

Puis arrive une autre saison. La nature alors n'a plus de vie; les plantes ont perdu toute leur sève, et elles dorment d'un sommeil léthargique: c'est l'hiver, c'est la mort pour un grand nombre de fleurs. Ainsi arrive un temps, pour l'homme, où son cœur se refroidit et où la vie abandonne ses membres. Il s'attriste comme à la tombée de la neige ; ni fleurs, ni soleil, ni sourire ne viennent diminuer ses heures d'abattement. L'homme voit la nuit de l'hiver arrivée pour lui ; il sent que la vie, avec ses désirs, avec ses sentiments et ses souvenirs, s'enterre comme sous une couche de glace ; le ciel s'assombrit, tout est mourant pour l'homme, excepté la douleur. Une crise encore, et pour lui c'est la mort; mais, comme pour les fleurs, il reste toujours à l'homme l'espérance du printemps prochain et de la renaissance future. Sans doute les fleurs embellissent la nature et réjouissent nos regards, mais sans les fruits que promettent les fleurs de l'éternel printemps, que serait la vie de l'homme ?

II

Si donc maintenant nous sommes arrivés à l'automne de notre vie, si la saison des fleurs est déjà passée pour nous, et que nous nous demandions compte de l'été que nous venons de traverser, trouverons-nous cette époque abondante en bonnes œuvres? l'arbre de notre vie aura-t-il produit autre chose que des feuilles? notre âme est-elle, comme elle devrait l'être, riche en vertus? et ses fruits, s'il y en a, sont-ils mûrs? que les feuilles blanchissent et qu'elles tombent, que le vent les emporte, soit; mais notre provision pour le passage est-elle faite?

C'est ainsi que, sans aucun effort d'imagination, les plantes et les fleurs sont pour un esprit sérieux l'image de la vie. Comment ne pas voir que l'âge fait sur nous le même effet que sur elles? Le temps effeuille nos illusions les unes après les autres, à moins qu'un vent d'orage, comme cela arrive si souvent autour de nous, ne les fasse tomber tout d'un coup et ne les disperse sans retour. Ces illusions, c'étaient les fleurs de notre vie, c'étaient les plaisirs de notre jeunesse. Pauvres fleurs semées sur la route de notre passé, que vous étiez belles, pourtant, mais que vous avez été éphémères ! Oh ! que le vrai s'achète cher et que la sagesse, ce véritable fruit de l'expérience est rare parmi nous !

III

Les sages de l'antiquité se recueillaient dans le silence et dans l'éloignement du monde pour saisir les mystérieuses mélodies de la nature ; ils écoutaient le vent du destin qui frappait sur la lyre de leur vie, et ils y trouvaient des charmes qui, tout en embellissant leur existence, leur révélaient encore les secrets de l'avenir ; mais dans les sublimes concerts des lois de la nature, les fleurs ne sont-elles pas les plus éloquents interprètes de la voix de Dieu? et leur philosophie n'est-elle pas encore plus à la portée des plus humbles intelligences?

Voyez cette fleur sans odeur, mais qui, se trouvant réunie à l'OEillet, au Réséda, à la Rose, finit par en prendre le parfum. Pourrait-elle nous dire plus clairement qu'on ne peut que gagner en bonne compagnie? Où trouverons-nous, par exemple, l'image de la vie mondaine et voluptueuse plus fortement accentuée que dans un bouquet de fleurs préparé pour un jour de bal? Après avoir été le témoin des plus grands désirs, l'interprète des plus beaux sentiments et le confident des plus importants secrets, après avoir été tour à tour respectueux et modeste, sincère ou menteur, questionneur ou reconnaissant, ce charmant bouquet aura bientôt usé tous ses parfums et achevé le luxe de sa vie de conquête. Le lendemain, si ce n'est le soir de son plus beau jour, délaissé par ceux-là même dont il a fait l'ornement, foulé aux pieds par les valets, ramassé le lendemain par le crochet du chiffonnier ou indignement confondu dans la charette des immondices, cet heureux privilégié de la veille n'a pas même la gloire de vieillir sur sa tige et d'être effeuillé par la brise du soir; il meurt étouffé dans la fange, victime prématurée de ses folles joies et de sa luxurieuse ambition.

Or, dans le monde, et surtout dans le monde brillant, que d'existences qui se résument tout entières dans la fortune fugitive d'un bouquet de fête! Sans vouloir remuer ici la poussière de nos théâtres, sans même soulever le voile des salons à la mode, considérons seulement ces jeunes rois de la volupté dont nos grandes villes regorgent; avec les richesses dont ils disposent et qu'ils jettent au vent, tout dans leurs mains semble se changer en roses et en plaisirs; mais après quelques années d'agitation et de lubrique effervescence, ils s'en vont, comme le bouquet de l'orgie, terminer leur course désordonnée dans la fange, dans la misère et dans le plus dédaigneux abandon; heureux encore si, par la perte de leur propre dignité, ils ne descendent pas jusqu'au dernier degré de l'abjection et du mépris public!!!

Faites pour vivre au soleil, comme la jeunesse est faite pour vivre de vertu, si le soleil s'efface, les fleurs prennent un air maussade et lugubre qui fait mal à voir. Au lieu du plaisir que l'on éprouve, en un beau jour, à admirer l'orgueil de leur floraison, voyez-les, surtout après une pluie d'orage, la tête penchée vers la terre et tristement étouffées sous le poids de l'humidité qui les écrase; on croirait les entendre pleurer de honte ou d'ennui, sur leur tige froissée qui ne se relèvera jamais; la poussière mouillée, qui rebondit en fange sur leurs feuilles échevelées, est comme un fard terreux qui leur donne quelque ressemblance avec les haillons d'un pauvre orgueilleux. On passe en fronçant le sourcil devant ces fleurs souillées, et l'on jette sur elles un regard morne qu'inspire le dégoût, comme sur une livrée usée qui, au lieu de faire honneur à sa maison, en décèle la splendeur déchue.

Voilà la jeune fille sans honte et sans remords qui court les rues pendant le carnaval en oripeaux de théâtre; jeune encore et déjà coupable de n'avoir plus de jeunesse, plus elle porte de rubans et de dentelles, plus elle a de fleurs dans les cheveux, plus ses ajustements sont éclatants de couleurs, plus aussi le vent et la pluie du vice la défont et la fanent; ses fredons sont libertins, ses allures sont révoltantes; son rire est effronté, sa voix railleuse, son regard offensant; et tout cet attirail de collier, de plumage et de faux brillants dont elle est parée la rend encore plus odieuse à voir; c'est une plante dont l'orage des passions s'est cruellement amusée; c'est une étincelle de vie, livrée à la risée du crime; c'est une fleur dans la boue.

Quand nous voyons ces jeunes figures hâves et tristes, ces corps faibles et décharnés, ces caractères sombres et maussades, nous cherchons l'explication du malaise fébrile qui mine ces plantes maladives. Oh! si celui qui sonde les mystères du cœur consentait à nous faire entendre sa voix, il nous apprendrait la part que les mauvais instincts ont dans la souffrance de ces jeunes tiges déjà irrévocablement brisées par la tourmente, et de ces fleurs flétries et fangeuses qui seront à jamais la honte de la société.

CHAPITRE CINQUIÈME.

HARMONIES ALLÉGORIQUES DES FLEURS.

Toutes ces choses sont des biens pour les saints et elles sont des maux pour les méchants. ECCL.

I

Les fleurs ont généralement deux attraits qui font qu'on se passionne pour elles : leur odeur et leur couleur ; la vertu aussi est belle sous ce double rapport ; elle répand toujours une bonne odeur d'édification et elle charme par les œuvres de sainteté qu'elle opère.

Voyez cette modeste fleur née dans un jardin clos, inconnue aux troupeaux, à l'abri de la charrue, caressée des zéphirs, fortifiée à propos par le soleil et nourrie de rosée; elle attire tous les regards..........

Ut flos quem. . . . .
Multi illum pueri, multæ optavere puellæ.

C'est l'image de la vierge chrétienne. Aussi long-temps qu'elle demeure étrangère aux frivolités du siècle et qu'elle conserve la fleur de son innocence, elle est chérie et vénérée de tous; mais vient-elle seulement à faire soupçonner sa vertu, elle ne fait plus le charme de ses jeunes sœurs; elle n'est plus chère à personne.

Sic virgo dùm intacta manet, tùm cara suis est;
Quùm castum amisit. . . . . florem,
Nec pueris jucunda manet nec cara puellis.

Les passions de la terre ont bien pu emprunter quelquefois l'emblème des plus belles fleurs pour poétiser l'amour de leurs yeux et le délire de leur esprit ; mais l'âme droite et le cœur chrétien se plaisent à ne voir dans les fleurs que les aimables productions du Créateur et l'œuvre de sa providence qui nous encourage à la vertu.

C'est pour cette raison qu'en donnant ici une faible idée des impressions que nous avons toujours retirées du beau spectacle des fleurs, et en cédant au plaisir d'enregistrer quelques-unes de nos observations sur un sujet aussi intéressant, notre but n'est point d'imiter quelques écrivains très-spirituels sans doute, mais qui n'ayant que la religion de la lyre et la piété des poètes, semblent n'avoir cherché dans les fleurs que des allégories purement profanes ; plusieurs d'entre eux n'ont adopté que le système exclusif de la mythologie ; forcés par conséquent de marcher par ce seul chemin toujours bien restreint, ils ont porté leurs observations aussi bien sur les fleurs laides et nuisibles que sur les fleurs utiles et agréables ; mais ils paraissent n'avoir étudié le langage des fleurs que dans l'intérêt des passions humaines. Plusieurs même en ont étrangement abusé, comme d'interprètes soudoyés, pour exprimer ce qu'ils n'auraient peut-être pas osé dire.

Mais si le vice a su trouver le tableau des passions et un stimulant d'intérêts purement humains dans certaines fleurs, pourquoi ne trouverions-nous pas dans d'autres fleurs les lois allégoriques de la vertu, et surtout l'image figurative de la vierge Marie qui est la personnification la plus parfaite de toutes les vertus?

Nous croyons aussi que c'est une lacune dans les travaux de plusieurs savants naturalistes de n'avoir signalé aucun des portraits emblématiques qui lient mystiquement les fleurs à la morale. Bien que ce ne fût pas là le but de leurs études, personne assurément n'aurait pu le faire avec plus d'utilité et plus d'agrément qu'eux; tandis qu'avec tous ces noms barbares imités du grec, qui leur servent à former des nomenclatures, c'est à presque dégoûter de l'amour des fleurs quiconque aime autre chose que des divisions de genres et d'espèces.

Cependant, ils le reconnaissent eux-mêmes volontiers : telles fleurs, telles plantes qui, au premier aspect, n'excitent que le dédain ou la critique, s'embellissent admirablement par la fidélité de leur justesse hiéroglyphique. Ils vont jusqu'à avouer que sans ces applications morales, la nature ne serait souvent qu'une ombre de la réalité et un corps sans âme.

II

Pour n'en citer que quelques exemples parmi les plus convenables, nous prendrons tout simplement le *Buis*.

Rien n'est moins intéressant que cette plante, qui a toujours été l'emblème traditionnel de la pauvreté. Le *Buis* habite en effet les lieux arides et les terrains ingrats, positivement comme l'indigent qui est réduit au plus chétif domicile et au local dédaigné de tout le monde. On voit les insectes s'attacher au feuillage du *Buis* comme à la personne et aux vêtements du pauvre, qui n'a pas même le moyen de s'en garantir. Ainsi que l'on voit le misérable endurer patiemment les privations et se fixer au moindre gîte, le *Buis* brave les intempéries de toutes les saisons et s'attache au mauvais sol où il est relégué. L'indigent n'a que peu ou point de plaisirs ; or, la nature a précisément voulu décrire cet effet en privant le *Buis* de pétales qui sont, dans tous les autres végétaux, l'emblème de la jouissance. Voyez son fruit : rien ne ressemble mieux à une marmite renversée, image de la cuisine du pauvre, qui est le plus souvent réduite à rien. La feuille du *Buis* est creusée en forme de cuiller pour recueillir une goutte d'eau, comme la main du pauvre qui reçoit une obole de la charité des passants. Son bois noueux, dur et serré, son odeur amère et rebutante, son huile fétide sont autant d'allusions frappantes avec la vie rude et pénible du misérable, chez qui règnent l'insalubrité, la gêne et souvent les fièvres consomptives en permanence dans son logis.

Mais la science des végétaux s'étant ainsi souvent arrêtée aux formes purement matérielles qui frappent les regards, ou à l'homonymie que les plantes et les fleurs ont avec certains objets, les sages de l'antiquité et les observateurs modernes ont dû naturellement trouver le symbole de la perfidie dans la *Ciguë*, qui se confond si facilement avec un des condiments les plus familiers de nos tables ;—la cruauté dans l'*Ortie*, dont le dard subtile pique la main la plus inoffensive ; —l'importunité dans le *Glouteron*, dont les capitules armés de pointes crochues, en forme d'hameçons, s'attachent avec ténacité aux laines des animaux et aux vêtements des bergers ; — la raillerie dans la *Clématite*, dont le lait corrosif cache la satire la plus mordante sous l'hypocrisie des plus belles paroles ; — l'injustice dans la *Ronce*, dont les lianes sauvages ne se bornent pas à des habitudes d'envahissement, mais qui étouffent encore toutes les plantes qui croissent autour d'elle ; —l'appareil sombre de la conspiration dans la vie énigmatique du *Champignon,* qui se révèle malfaisant envers ceux mêmes qui se déclarent ses premiers amateurs ; —la gourmandise dans les *Guis,* dans les *Orobanches,* dans les *Cuscutes* et dans toutes ces autres plantes parasites qui, après s'être nourries de la substance de leur bienfaiteur, l'épuisent, le ruinent et finissent par le faire périr ; — l'obstacle et l'opiniâtreté dans la *Bugrane,* dont les cordes racineuses, aussi tenaces que prolongées, contrarient tellement le labourage qu'on l'a vulgairement surnommée *Arrête-Bœuf;* — la méfiance dans le *Chardon,* dont les maigres fleurs se cachent au fond d'une cupule ou alvéole toute hérissée d'épines redoutables; — la calomnie dans la *Garance,* dont les feuilles teignent les lèvres du plus tendre agneau qui broute, comme le sang d'une victime dévorée teint la dent du loup : — la paresse dans le *Houblon,* qui rampe misérablement quand rien ne le protége, mais qui s'entortille au moindre appui qu'il rencontre, cet appui fût-il dangereux et méprisable; —la dissimulation dans le *Bois-joli,* dont la fleur rose tendre et sans collerette trompe cruellement ceux qui la portent à leur bouche; — la mauvaise humeur dans l'*Ajonc* sauvage, qui semble bouder loin des habitations, dans les endroits les plus solitaires; — l'étourderie dans la fleur de l'*Amandier,* qui choisit précisément, pour s'épanouir, ces premières tiédeurs qui ramollissent la température et qui présagent ordinairement une gelée blanche pour le lendemain; — la passion d'un feu profane dans la fleur de *Capucines,* dont le velours ponceau contient un sel qui assaisonne les choses les plus fades, mais dont la tige ne supporte pas la moindre épreuve.

Ne voulant pas s'éloigner trop des idées reçues par la haute tradition, ces observateurs botanistes ont préconisé la *Verveine* en lui prêtant des vertus magiques; —ils ont vu l'impatience dans l'explosion des graines de *Balsamines;* — le crime dans l'*Aconit;* — le deuil dans le *Cyprès;* — la guerre dans l'*Achillée*, autrement appelée herbe à la coupure ;—l'amertume dans l'*Absinthe;*—la frivolité dans le *Gramen tremblant;* — enfin, l'image de tous les vices qui cherchent à pulluler au fond des meilleurs cœurs, dans la *Nielle* et dans l'*Ivraie*, qui se plaisent au milieu des blés et dans les champs les mieux cultivés.

Sans doute, il est assez naturel, d'après toutes ces affinités, de voir la fidélité dans la *Véronique*, la piété dans la *Cinéraire*, la puissance dans la *Couronne impériale*, la mortification dans la *Chicorée*, l'amour des arts dans l'*Acanthe* *,

* On raconte qu'une mère désolée déposa un jour une petite corbeille, pleine de fleurs et de fruits, sur un pied d'*Acanthe* à côté de la tombe de sa fille, et que cette plante, ainsi gênée par le poids, poussa au dehors ses larges feuilles, qui entourèrent bientôt la corbeille et se recourbèrent gracieusement en forme de soutien extérieur. L'architecte Climaque, étant passé par là, admira cette décoration naturelle, qui lui donna l'idée d'ajouter à la colonne corinthienne le chapiteau aux feuilles d'*Acanthe*, qui embellit encore de nos jours le style si remarquable de cette époque.

le sommeil dans le *Pavot*. La religion païenne, plus poétique que consolante, regardait déjà le sommeil comme le grand remède à tous les maux ; elle en avait fait une divinité dont la tête était couronnée de fleurs de *Pavots*. Il leur a donc été facile de trouver, dans certaines fleurs, des pronostics heureux ou néfastes, selon l'aspect sinistre ou attrayant qu'elles offraient à leurs regards, et ils ont pu interpréter, dans un sens relatif, l'odeur excessive ou narcotique de tant de fleurs, dont les sucs malfaisants inspirent le dégoût et entraînent quelquefois l'enivrement et la mort.

III

Mais pourquoi parlerions-nous de ces fleurs trompeuses et empoisonnées qui rappellent la honte du genre humain ? Elles semblent porter avec elles la sentence de quelque malédiction et nous montrer, dans leurs accidents de formes ou d'odeur, comme une surface de notre nature blessée par le péché originel. Nous préférons donc nous éloigner de ces glossaires de botanique souvent immoraux, et réduire nos observations à quelques analogies spéciales que certaines fleurs ont avec la vie, les priviléges et les vertus de la sainte Vierge. Il nous sera facile ensuite d'en conclure qu'elle est elle-même la fleur de toutes les vertus.

CHAPITRE SIXIÈME.

ASCÉTISME DES FLEURS.

Je suis la fleur des champs et le lis des vallées. CANT. CANT.

I

L'idée du beau en tout genre est tellement liée à la beauté des fleurs, que l'Esprit-Saint, voulant faire l'éloge de la sainte vierge Marie, lui donne le nom de *Jardin fleuri*, ou d'Eden mystique qui nous offre en toute saison les plus belles fleurs de vertu, et qui produit en abondance les fruits de grâce les plus agréables.

Nous lisons dans le livre des révélations un portrait mystérieux dont la vie de Marie est en tout point la consolante explication : « J'ai pris » racine dans un peuple que le Seigneur a » honoré ; je me suis multiplié comme les » Cèdres du Liban ; j'ai grandi comme l'Olivier » de la campagne ; j'ai poussé des branches » comme le Palmier et je les ai étendues au » loin comme le Platane qui est au bord des » eaux ; mes fleurs ont donné un baume aussi » précieux que celui du Térébinthe et de la » Cannelle ; elles ont parfumé l'air d'une odeur » aussi agréable que celle de la Vigne, et mes » fruits ont été des fruits de gloire et d'abon- » dance. »

A la peinture de ce tableau, qui pourrait ne pas reconnaître la vierge Marie, la reine des fleurs, qui jette d'abord ses racines de piété dans le cœur de tous ceux qui la cultivent, et que le Seigneur se plaît ensuite à honorer par des bénédictions de préférence ? Toutes ces plantes, que l'Ecriture sainte nomme ici spécialement et qui ont des qualités si variées, ne sont-elles pas la figure anticipée de Marie, qui s'est élevée tantôt comme un Cèdre, par la méditation continuelle de ses grandes destinées, tantôt comme un Palmier, par la progression lente de ses longues et cruelles appréhensions, ou comme l'Olivier, par l'onction adoucissante de sa charité ; tantôt enfin par sa clémence et par sa compassion, comme ces vigoureux Platanes, qui étendent leurs vastes branches pour rafraîchir de leur ombre les misères de tous ceux qui souffrent.

L'Ecriture sainte nous fournit encore une bien belle ébauche de la grande figure de Marie dans Ruth, qui vient glaner dans les champs la part de l'indigence, et qui le fait si modestement que Booz dit à ses moissonneurs : « Jetez devant elle quelques épis d'Orge, et faites-le avec tant de prudence qu'elle ne s'en aperçoive pas, afin qu'elle puisse les recueillir sans avoir à en rougir. » N'est-ce pas Marie, cette aimable glaneuse, si contente des âmes qu'elle peut gagner dans le champ du père de famille, et qu'elle fait ensuite servir à la gloire de Dieu?

L'Evangile lui-même, si austère dans les devoirs qu'il nous impose, semble vouloir adoucir la rigueur de ses préceptes par son style simple, rempli de comparaisons tirées de l'agriculture, et d'images allégoriques empruntées aux fleurs *.

On pourrait dire que ce vaste symbolisme des fleurs n'est, au fond, qu'une mystérieuse exposition des saintes réalités de tous les priviléges de Marie.

II

C'est sans doute par une douce imitation de ce beau style biblique que les auteurs religieux du moyen-âge ont embelli leurs plus éloquents discours de ces consolants symboles et de ces

* Dans un seul évangéliste, on compte plus de deux cents allégories entre les fleurs et les vérités religieuses.

charmantes harmonies entre les fleurs les plus populaires et les vertus de Marie.

Les serviteurs de Dieu les plus fervents, et spécialement Pierre de Blois, Thomas à Kempis et Liguori ont composé chacun un cantique où se trouve tout ce que l'on peut dire de plus suave, de plus gracieux et en même temps de plus poétique à l'honneur de Marie. Se rencontrant à peu près dans les mêmes idées, ils vont jusqu'à lui dire : « O Marie! le Lis d'ar-
» gent et la Rose purpurine ont emprunté leurs
» couleurs de l'incarnat de vos lèvres et de
» vos joues; l'odorant Jasmin et les fleurs de
» Damas ont pris leur parfum à la suavité de
» votre haleine. »

Dans les plus petites fleurs que sainte Catherine de Sienne rencontrait sur son chemin, il y avait toujours une prière qu'elle lisait en pleurant de joie et de reconnaissance.

Saint François, qui n'était pas moins grand poète que grand orateur, a lui-même magnifiquement chanté la tendresse de Marie, qu'il aimait à contempler dans les fleurs comme dans un miroir. Ce n'était pas seulement aux êtres animés qu'il prodiguait les effusions de son amour; il louait avec la même reconnaissance la beauté des fleurs. Dans sa sublime candeur, saint François aimait à entretenir avec elles de pieuses conversations; il joignait les mains de reconnaissance, et il pleurait de plaisir en remerciant Dieu d'avoir fait les fleurs si belles, et de les avoir si profusément placées sous ses pas ; il les admirait comme autant de reflets de cette Fleur divine que Dieu a fait épanouir de la tige de Jessé; et quand il se trouvait au milieu de leurs parfums, la belle âme de ce grand saint, détachée de tout, semblait s'élever jusqu'au ciel.

Pour nous, convives toujours affamés de la terre, hélas! si quelquefois le désir du ciel se présente à notre esprit, ce n'est pas la beauté des fleurs qui nous l'inspire, ce sont plutôt les épines que nous rencontrons sur notre chemin; ce n'est pas l'éternité qui nous sourit, c'est le temps qui nous pèse et qui nous fatigue. Dieu a mêlé aux Roses de la terre des épines qui déchirent notre front; nous voudrions cueillir les Roses et èviter les épines; c'est-à-dire qu'en voyant les fleurs, nous accueillons les pensées saintes qu'elles nous prêchent, moins encore pour aspirer au véritable bonheur que pour nous débarrasser des ennuis de la terre. Insensés! nous ignorons que le secret de l'amour divin est de changer l'amertume en douceur, et la souffrance en extase de tendresse! Si nous considérions les fleurs avec la piété des saints, la Rose n'aurait plus d'épines, et comme eux nous serions bientôt ravis en Dieu!

III

Tout nous dit que la religieuse simplicité des premiers chrétiens aimait à enrichir du souvenir de la sainte Vierge certaines plantes de leurs jardins ou de leurs forêts, qui leur devenaient d'autant plus chères qu'elles portaient alors le nom de Marie.

Chaque vêtement qui avait servi à l'usage de la sainte Vierge était représenté, dans ces temps de foi, par quelque fleur populaire dont la forme ou la couleur était son emblème naturel. Ainsi le *Narcisse* blanc liseré de pourpre s'appelait le lit de Marie ; — la *Pulmonaire* tachetée de blanc reçut le nom de lait de Marie ; — cette espèce d'*Absinthe* qui croît sur les dunes sablonneuses fut appelée du nom générique de parfum de Marie ; — le berger des Alpes ne connaît le fruit de l'*Alizier* que sous le nom de poires de Marie ; — il nomme la cloche blanche du *Liseron* grimpant, chemise de Marie ; — pour le pâtre de ces montagnes, le *Thym* sauvage c'est le tapis de Marie ; — la *Digitale* c'est le gant de Marie ; — les *Myosotis* sont les yeux de Marie ; — ici, telle plante est la sandale de Marie ; — là, telle autre plante est le manteau de Marie ; — les Orientaux appellent encore aujourd'hui *Arbre de Marie* cet arbre hospitalier qui protégea la sainte famille dans sa fuite en Egypte, et *Roses de Marie* ces petits arbustes de Jéricho sur lesquels la divine Mère étendait les langes de l'enfant Jésus. Nous-mêmes, nous appelons *Fils de la Vierge* ces réseaux blancs d'une contenture vaporeuse, qui planent sur les vallons pendant les humides matinées d'automne, et qui, le jour, voltigent dans l'air en se balançant aux doux rayons du soleil. Notre siècle, tout dépravé qu'il est, a consacré ces paroles : *coiffure de Marie, parure de la Vierge,* comme expressions de vertu ou d'innocence symbolisée dans le monde, par une fleur blanche ou par une couronne de roses, ornements religieux de la jeunesse pour ses beaux jours de fête.

C'est ainsi que la tradition chrétienne a toujours mêlé le nom de Marie à certaines fleurs dont les formes élégantes nous étonnent, et dont les parfums embaument la terre ; c'est par là qu'un grand nombre de plantes ont acquis, dans les siècles de foi, un charme religieux qui exhale encore aujourd'hui les sentiments de la

dévotion la plus tendre et de la confiance la plus persévérante.

Si ces différents ornements de la nature, épars dans le monde végétal, ne sont pas précisément des reliques de la sainte Vierge, ce sont cependant comme des vestiges de son passage; ce sont au moins autant de souvenirs qui nous sont arrivés vivaces après avoir traversé les siècles, et qui aujourd'hui, fortement enracinés dans les croyances populaires, conservent au milieu de nous ou réveillent agréablement la douce mémoire de Marie dans nos cœurs.

IV

Avouons cependant que malgré tous ces beaux rapprochements, ce n'est encore là qu'un langage de convention ou de circonstances, qui est plutôt le langage de la piété chrétienne qu'il n'est réellement celui des fleurs: reconnaissons du moins, d'après ces observations générales,

que le paganisme avait profané les fleurs, en vouant leur beauté et leurs parfums aux seuls plaisirs des sens et aux passions de la nature.

La religion chrétienne devait les ennoblir; c'est ce qu'elle a fait en les consacrant à ce qu'elle a de plus gracieux dans sa foi et en les personnalisant en quelque sorte dans les aimables perfections de la sainte Vierge. On dirait même que jusque là il manquait encore une âme aux fleurs, et il a fallu que les vertus de Marie vinssent les animer. Leur verdure, leur fraîcheur, leurs formes élégantes, leurs insaisissables parfums, leur délicatesse, leur infinie variété, tout en elles nous offre les plus heureuses ressemblances avec les prérogatives de la sainte Vierge; tout nous parle de sa vie angélique et de ses perfections.

En réalité rien n'est intéressant comme le langage figuratif de toutes ces fleurs populaires, vrais chefs-d'œuvre de la bonté divine qui raniment notre ferveur, tantôt par les douces émotions de l'espérance, tantôt par les saints encouragements de la piété. A leur vue, des parfums de grâce et de vertu, comme la terre n'en a que dans la saison des fleurs, semblent descendre du ciel et inonder l'âme attentive. On croit en ce moment voir chacun des priviléges de Marie nous apparaître sous le symbole de quelques plantes plus fraîches ou de quelques fleurs plus embaumées que les autres; on dirait que le ciel se révèle alors à nous avec ses richesses, la vie avec ses magnificences, et la terre avec tout ce qu'elle a de plus noble et de plus touchant; on se sent surpris, entraîné par le charme de tant d'harmonies, et l'air que l'on respire dans ce ravissant parterre est si mystérieux qu'il a déjà fait éprouver à plus d'un cœur, jusque là insensible, un bonheur inconnu et d'indicibles délices qu'il n'avait jamais soupçonnés.

Pour sonder la richesse de ce langage mystérieux et pour pouvoir le révéler aux autres, il faut peu d'études; c'est la nature qui en fait tous les frais. Une prairie en est l'école toujours ouverte ; l'herbe des champs et les feuilles de la forêt en forment l'alphabet. Les fleurs en sont le génie ; leurs couleurs et leurs parfums en sont les accents. Toutefois, comme ces différentes voix s'adressent encore plus à l'âme qu'à l'esprit, c'est à notre cœur à traduire un si beau langage ; et pour cela, il suffit d'ouvrir les yeux et d'écouter.

Aussi se sent-on volontiers disposé à applaudir à ce qui fut dit à un solitaire qui s'était enfermé dans sa chambre pour mieux méditer les grandeurs de Dieu. « Ouvrez vos volets, fermez » votre imagination, et lisez les vérités religieuses et morales que nous prêchent les » fleurs qui sont sous nos yeux. »

Pour nous, nous aimons cette pensée d'un poète, qui dit que les fleurs sont le sourire de Dieu, et nous n'en voudrions pas d'autre preuve que l'agrément que nous trouvions dans les leçons de notre enfance. Afin de nous former à la piété, une mère intelligente nous faisait remarquer les beautés de la vertu dans la parure de quelques fleurs, et les bienfaits de Dieu dans la disposition toute providentielle de quelques plantes salutaires. Ces belles leçons, encore vivantes dans nos souvenirs, inspirent toujours à nos sentiments une plus noble direction, et à notre cœur un plus grand amour de Dieu.

DEUXIÈME PARTIE.

DES FLEURS EN PARTICULIER.

CHAPITRE PREMIER.

EMBLÈMES DE LA DÉVOTION ENVERS LA SAINTE VIERGE.

Dieu fait naître le gazon pour les animaux, et les fleurs pour l'agrément de l'homme. PROV.

La délicatesse de certaines fleurs, la vigueur de tons que l'on remarque dans quelques autres, l'exquise sensibilité de celles-ci, le sommeil et le réveil à heure fixe de celles-là, la durée prévue de leur éclat, la certitude calculée de leur mort offrent des points de ressemblance si grande avec l'existence humaine, et en particulier avec les destinées de la sainte Vierge, qu'en observateurs chrétiens nous pourrions en quelque sorte les appeler fleurs animées, fleurs parlantes.

Considérons-les d'abord dans leurs racines et dans leurs germes. Arrêtons un moment nos regards sur ces graines et sur ces noyaux desséchés qui, au jour marqué, déploient toutes leurs formes et parviennent au complet épanouissement de tous leurs organes, sans néanmoins cesser d'être ce qu'ils étaient d'abord. Ainsi, malgré toutes les phases que ces graines subissent, malgré la différence énorme qu'il y a entre l'ognon bulbeux d'hiver et la fleur du printemps ou le fruit d'automne, ces racines n'en restent pas moins identiques à elles-mêmes, et elles n'en conservent pas moins le même nom. Ce que le temps a fait éclore de ces gousses engourdies et de ces griffes trépassées s'y trouvait déjà en germe à leur origine.

Tel est aussi l'ordre de développement progressif auquel se prête la dévotion envers la sainte Vierge. Dès l'origine du monde, en vertu de la promesse solennelle faite à Adam, d'une Vierge libératrice, et pendant toute la période d'attente, nous voyons cette consolante pensée briller comme une lampe dont la lueur constante captivait déjà les regards de toutes les tribus et occupait toutes les espérances des plus saints patriarches. Plus tard, nous voyons encore la même pensée poindre doucement dans Bethléem et en Egypte, où la dévotion envers Marie prend ses premières racines au milieu d'une nation privilégiée. Puis, dans les premiers jours du christianisme, la dévotion envers la sainte Vierge se montre à l'état de germe encore indéfini, il est vrai, mais germe vivant que la difficulté des temps recommandait à la prudence, je dirais presque au silence de la primitive Eglise, encore toute voisine des cultes superstitieux de différentes déesses qu'il s'agissait de faire oublier. Cependant, l'enveloppe qui recouvrait alors cette grande pensée n'était pas tellement épaisse ou obscure qu'on ne pût déjà constater à son point de départ l'abondance des fruits de bénédictions qu'elle porterait un jour, et dont notre piété se réjouit aujourd'hui.

En effet, nous avons vu la dévotion envers la sainte Vierge traverser toutes les nations d'un pôle à l'autre, suivre les destinées de la foi catholique, et même marcher en tête de tous les triomphes de la religion. Aujourd'hui, l'univers chrétien, rempli des bienfaits de cette dévotion, de concert avec toute l'histoire de l'Eglise, nous la montre se ramifiant avec le temps, s'élevant avec les siècles, et mise en évidence par tous les genres de prodiges, mais dans son majestueux agrandissement, restant perpétuellement intacte dans son objet, ne subissant ni altération dans le sens de ses attributs, ni différence dans les priviléges qu'elle offre à notre vénération.

Plante céleste, la dévotion envers la sainte Vierge a dû percer sa première écorce et subir une espèce de croissance séculaire avant de se couronner de fleurs et de jeter au monde ses plus doux parfums; mais semée dès le commencement, par la main de Dieu, dans le parterre de la foi, elle a traditionnellement reçu de nos aïeux tout ce qu'elle recommande aujourd'hui à la piété de nos contemporains, et tout ce qu'elle tient en réserve pour le bonheur et la gloire des générations futures.

L'Eglise elle-même, dans sa liturgie canonique, a cru devoir consacrer spécialement chacune des saisons de l'année aux quatre principaux priviléges de Marie : l'hiver est dédié à son immaculée conception; le printemps à son cœur si pur et si aimant; l'été à son saint nom, et l'automne à ses douleurs. Telle est l'admirable division des heures paroissiales romaines, dont les offices résument ainsi les titres et les droits de Marie à notre égard et nos devoirs envers elle.

Si ensuite nous considérons l'ordre admirable dans lequel les fleurs se succèdent pour prendre chacune leur place dans la saison qui leur est assignée, et que nous les comparions à la dévotion envers la sainte Vierge, nous verrons d'abord qu'il en est des différentes pratiques de ce culte virginal comme des fleurs que la nature a semées sous nos pas. Elles ont toutes leur jour d'éclat, et si l'une d'elles semble se faner par le temps, elle est immédiatement remplacée par quelque autre fleur de dévotion que les anges viennent planter sur la terre.

De même que la nature sait à chaque époque varier ses beautés selon les saisons, sans que les fleurs qui se succèdent perdent rien de la vivacité de leurs couleurs, ainsi le génie de la dévotion envers la sainte Vierge se transforme selon les époques sans que l'activité de sa flamme se ralentisse jamais. Quelques pratiques pourront être négligées; quelques associations pourront s'éteindre; quelques pèlerinages pourront cesser d'être fréquentés, mais d'autres exercices de piété, d'autres centres de prières se formeront, d'autres congrégations religieuses surgiront à la place de leurs aînées, et, semblables aux fleurs du printemps, ces douces et ingénieuses pratiques conserveront au culte bienfaisant de Marie toute sa fraîcheur, et elles en perpétueront tous les bienfaits.

C'est ainsi qu'ont pris naissance dans l'Eglise ces différentes dévotions qui pourraient historiquement servir de monuments séculaires indiquant la ferveur des temps et les besoins des peuples. Telle, par exemple, l'association du saint *Rosaire,* barrière si puissante du christianisme contre la haine des Turcs, qui avaient rêvé l'anéantissement de la foi catholique. C'est sous l'égide de cette belle dévotion, comme du haut d'un rempart imprenable, que saint Pie V eut la consolation de voir l'Eglise de Jésus-Christ refouler si victorieusement le croissant de Mahomet dans ses honteux retranchements.

Telle encore la confrérie du saint *Scapulaire,* prêchée avec tant de succès par les plus grands saints dont l'Eglise s'honore, et acceptée avec tant d'enthousiasme par les populations fidèles aux époques à jamais mémorables de nos saintes croisades, ou des guerres de religion au sein de notre patrie.

Pour notre siècle, c'est *le Mois de Marie*, dont la longue solennité semble nous inviter, avec plus d'instances, à renaître à la grâce comme les fleurs renaissent à la vie, et à nous parer des vertus chrétiennes comme la terre se pare, au printemps, des plus riches couleurs.

C'est aussi l'*Archiconfrérie* du Cœur immaculé de Marie, qui a pris, depuis quelques années, de si consolantes proportions dans plusieurs diocèses de France, et qui est déjà aujourd'hui si familière à presque toutes les populations catholiques de l'Europe.

Quel admirable parterre que celui dans lequel se conserve pure la véritable essence du culte virginal de Marie! Quelle ravissante étincelle d'espérance dans tous ces germes de fleurs et de plantes qui sont comme autant d'hiéroglyphes des gloires passées de Marie et de ses destinées futures! Beauté, naïveté, candeur, innocence, tout dans les fleurs est une révélation qui désigne mystiquement la sainte Vierge à notre amour et à notre confiante dévotion. Essayons donc de former un ensemble de toutes ces harmonies figuratives que la nature elle-même a préparées à la gloire de la sainte Vierge. C'est l'esprit de piété qui va nous prendre comme par la main et nous conduire dans ce jardin de délices. Il va nous montrer qu'il n'y a jamais eu sur la terre, et qu'il n'y a encore point dans les cieux, de fleur qui soit vêtue avec autant de richesse et de magnificence que la vierge Marie.

Ecoutons donc la voix des fleurs elles-mêmes; ce sont elles qui vont nous parler de leur reine et nous instruire de ses priviléges et de ses immortelles destinées.

CHAPITRE DEUXIÈME.

LA PERCE-NEIGE, OU GALANTINE.

Ne différez point d'accomplir ce que vous avez promis à Dieu. ECCL.

La terre est encore enveloppée de ses vêtements d'hiver. Les oiseaux sont muets, ou du moins leurs rares accents ne donnent encore aucun signe de joie, et l'eau captive depuis plusieurs mois ne murmure plus ; mais les autans de mars endormi commencent à se réveiller. Déjà bordée de verdure, mais encore recouverte de son froid manteau, la *Perce-Neige* se prépare à nous montrer ses cloches d'un blanc d'ivoire, et elle semble nous dire comme Marie, au beau jour de sa naissance : Je viens vous consoler de la longue absence du soleil, et je vous apporte l'espérance d'un meilleur avenir.

En effet, la *Perce-Neige* est pour ainsi dire l'arc-en-ciel terrestre qui nous présage le retour prochain d'une saison plus favorable. Son apparition printanière annonce au monde la transition de la loi morte à la loi d'amour. Comme la naissance de Marie avait autrefois présagé que la terre allait bientôt germer son Sauveur et que la nuée du ciel allait pleuvoir le Juste, la *Perce-Neige* nous rappelle que pendant quarante siècles le souffle glacé de toutes les passions avait couvert la terre de brouillards épais qui avaient amorti le germe de toutes les vertus; mais depuis que la bienheureuse Marie est au milieu de nous, l'hiver semble avoir perdu de ses rigueurs.

Sans doute, il y a encore pour chacun de

nous des jours sombres et mauvais; cependant, en voyant la *Perce-Neige* se hâter de se montrer ainsi au milieu des rigueurs de la saison, on croit entendre la voix bienfaisante de Marie qui nous apporte des consolations et qui voudrait au moins nous prémunir contre les folâtres espérances dont se flattent trop souvent les premiers rêves d'une jeunesse hardie jusqu'à la témérité. Désireuse d'ennoblir le printemps de notre vie, la sainte Vierge voudrait surtout nous aguerrir contre la séduction des plaisirs qui vont succéder aux premiers élans de notre cœur vers la vertu.

CHAPITRE TROISIÈME.

ANÉMONES.

> Si l'on voit briller l'éclair avant d'entendre gronder la foudre, l'on voit aussi sur la figure de l'homme sage une grâce qui prévient en sa faveur.
>
> ECCL.

Vous venez de voir passer les *Primevères*, voyez encore cette brillante *Anémone* ou *Hépatique*, dont la fleur rose tendre ou bleu céleste sort de terre dans les plus mauvais jours de mars. La confiance avec laquelle cette fleur se montre d'abord à nous, seule et sans feuillage, est un caractère assez exceptionnel, surtout à cette époque où la terre travaille plutôt à retrouver sa verdoyante parure qu'elle ne pense à étaler le luxe de ses fleurs. Cependant, semblable à une mère jusque là stérile, et qui est encore sous le poids de l'humiliation, la terre nous donne alors l'*Anémone,* comme autrefois sainte Elisabeth, jusque là appelée par mépris *la Stérile,* donna au monde étonné cette jeune fleur aux douces couleurs de l'espérance.

On vit, en effet, la jeune vierge d'Israël se séparer de ses parents chéris dès sa plus tendre enfance, et se hâter de monter au temple pour consacrer au Seigneur la fleur de son innocence. C'est du fond de cet auguste sanctuaire que, devançant le cours ordinaire des choses, elle se montra au monde comme l'ange de la réconciliation et comme l'avant-courrière de ce géant des cieux qui devait bientôt venir renouveler la face de la terre.

CHAPITRE QUATRIÈME.

LA PAQUERETTE, OU PETITE MARGUERITE.

Qu'elle est belle, cette jeune et chaste génération ! Le prix des combats qu'elle a livrés, pour se conserver pure, sera une couronne immortelle.

SAP.

On sait combien les enfants aiment les petites *Marguerites*. Oh ! c'est que rien n'est gracieux et aimable comme la simplicité de cette fleur, qui s'harmonise toujours si bien avec l'innocence, surtout dans la parure des enfants. Ces charmantes fleurs ont des reflets analogues à la couleur de leurs yeux bleus, de leurs lèvres roses et de leur visage vermeil.

Pour les petits enfants, une seule *Marguerite* de la pelouse est tout un bouquet qui les rend heureux. Souvent on voit le tendre nourrisson quitter sans regret les bras de sa mère pour se cramponner sur le gazon où il aperçoit ces fleurs, dont il croit ne pouvoir jamais faire une assez grande provision.

On trouve ces charmantes petites fleurs sous chacun de nos pas, tandis qu'il faut aller au-delà des mers chercher l'or et les diamants. Les unes se cueillent par l'innocence, les autres ne s'amassent que par l'ambition. Si les *Paquerettes* obtiennent ainsi les premières affections du jeune âge, c'est qu'il y a entre elles et les petits enfants une parenté de candeur et de simplicité toute naturelle.

En passant de nos prés dans nos jardins, de simple qu'elle est, la gentille *Paquerette* est devenue non-seulement double, mais tellement prolifère et féconde, que d'autres petites *Mar-*

guerites sortent de ses pédoncules et lui valent le nom de mère de famille. Elle a peut-être perdu quelque chose de sa simplicité; mais sa candeur et ses charmes n'en sont pas moins attrayants. On croirait alors voir ces essaims de jeunes vierges entourer amoureusement Marie, leur mère, à laquelle elles doivent leurs inspirations de vertu, leur joie, leur beauté, leur bonheur et leur gloire.

Mais ce n'est pas seulement pour la première enfance que les *Paquerettes* ont de si vives sympathies. N'a-t-elle pas foi aussi dans le langage des fleurs cette jeune fille inquiète et soucieuse sur sa destinée, quand elle a pu demander en secret l'oracle de sa vocation à une *Marguerite* qu'elle vient de cueillir? Pendant qu'elle l'effeuille en l'interrogeant, elle croit entendre le dernier pétale lui donner pour réponse la révélation de son avenir. Hélas! un peu plus tard, quand elle aura échangé ses espérances et ses rêves contre les réalités de la vie, et qu'elle aura effeuillé le bouquet de ses illusions, elle reconnaîtra que la fleur qui ne se fane jamais c'est la vertu ; et que si la jeunesse doit consulter quelqu'un sur les intérêts si majeurs de sa destinée, c'est avant tout à la bienheureuse vierge Marie qu'elle doit s'adresser. En invoquant cette inspiratrice de toutes les vertus, on remonte à la cause certaine du vrai bonheur.

C'est à l'âge de la candeur que Marie accorde, en effet, son amour le plus tendre et sa protection la plus maternelle. Heureuses donc les jeunes vierges, ces vraies fleurs de printemps, qui prennent Marie pour leur mère et pour gardienne de leur vertu. Cette confiance sera comme l'encens du matin dont l'agréable parfum monte vers le ciel, pour en redescendre ensuite en rosée de bénédiction et de salut.

CHAPITRE CINQUIÈME.

LE FRAISIER.

> Vous reconnaîtrez les méchants à leurs fruits. S. MARC.

Les feuilles desséchées de l'année précédente commencent à être recouvertes d'un nouveau tapis de verdure ; on voit déjà la *Croisette* et le *Muguet* fleurir à l'orée des bois. La fleur du *Fraisier*, surtout, est une de celles que l'on aime voir, que l'on admire, mais que l'on ne touche pas, parce qu'elle semble dire à la main qui serait tentée de la cueillir : Arrête, c'est un fruit délicieux que tu vas dérober à l'avenir; tu auras plus de plaisir à goûter la saveur fragrante de mon fruit que tu n'en aurais aujourd'hui à briser ma faible tige; quelques jours d'attente suffiront pour cela : patience!

A la vue du *Fraisier* en fleurs, ne croyons-nous pas entendre la douce voix de la sainte vierge Marie nous rappelant tout le respect que l'on doit avoir pour l'enfance, pour cette fleur de la jeunesse qui, dès le printemps de la vie, donne à la religion de si belles espérances? Quelle injustice envers le ciel et envers la terre que d'éteindre les germes de la vertu dans ces âmes à peine épanouies! Et cependant quel crime plus commun que celui de pervertir la jeunesse et de l'entraîner dans le chemin du vice! De son côté, l'imprudente jeunesse, séduite par l'attrait des plaisirs qu'on lui offre, voudrait goûter à la hâte des fruits qui lui semblent si doux; mais elle meurt avant d'en jouir. Flétrie, usée comme si le froid l'avait glacée, elle ne portera plus ni fleurs ni fruits : la honte est son partage.

En demandant grâce pour elle-même, la fleur printanière du *Fraisier* semble emprunter la voix de la sainte Vierge pour dire aux mondains : Attendez! voici venir le jour où cette fleur, dont vous aurez respecté l'innocence, vous rendra au centuple ce que vous aurez fait pour elle. La gloire de sa conduite sera votre gloire ; l'honneur de sa vie fera votre honneur. Quelle consolation pour vous, quel avantage pour elle !

Mais, au contraire, que d'amertume, que de larmes, que d'inexorables déboires l'immoralité ne prépare-t-elle pas à ces jeunes existences dont elle brise l'avenir, en les coupant en herbe ou en les cueillant en fleurs? Quels reproches ne pourriez-vous pas lire écrits sur chacune des fleurs du *Fraisier*? Votre crédit et vos titres vous disaient de protéger ces jeunes orphelines et de leur servir de père ; mais riches et opulents, vous avez regardé ces pauvres enfants comme étant d'une espèce inférieure à la vôtre, et vous avez accumulé sur leurs têtes tous les genres de malheur.

Pour avoir des *Fraises*, il suffit d'en respecter la fleur; pour être bienfaiteur, il ne faut pas de grands trésors. Il vous suffisait d'être le guide et le soutien de l'infirmité chancelante; mais sans tenir plus compte de l'avenir que du passé, vous tuez toutes les espérances de ces jeunes fleurs et vous avez ensuite la cruauté de les abandonner dédaigneusement à leur honte.

Quel poids sur votre conscience que celui d'avoir arraché à la religion, avant qu'elles aient pu en apprécier les bienfaits, ces jeunes et bonnes natures qui auraient été si heureuses, tout en contribuant au bonheur des autres, si vous ne les aviez pas enlevées à la vertu. Voyez-les! du double abîme de la dépravation que vous leur avez enseignée et du mépris public où vous les avez plongées, ces fleurs flétries, ces herbes desséchées, que toutes les larmes d'une famille éplorée ne feront jamais reverdir, semblent aujourd'hui crier vengeance contre vous et invoquer l'exécration du ciel contre les auteurs de tant de calamités ! Non, de tels désordres ne seront jamais l'œuvre de Dieu ! Au cœur méchant seul, le poids de tous les malheurs qui en sont la suite !!! Formées à la ressemblance de Marie, ces jeunes fleurs ont le droit de trouver partout des protecteurs contre les piéges de leur pauvreté ; et si leurs qualités natives n'étaient pas si souvent détruites par les vices de notre époque, on les verrait opérer les étonnantes merveilles dont elles sont capables ; la douce persuasion de leur naturel angélique n'inspirerait que de saintes affections à la jeunesse ; leur ascendant moral obtiendrait le respect de l'âge mûr ; il ferait l'honneur de la vieillesse, le bon génie de la France, et bientôt, sous l'empire des bénédictions de Marie, toutes les vertus de l'Evangile fleuriraient et mûriraient parmi nous pour le bonheur de la patrie.

CHAPITRE SIXIÈME.

LE LILAS.

> Hâtez-vous de bien faire avant que le temps ne soit passé, et Dieu vous récompensera. SAP.

Si nous interrogeons ces *Lilas* dont la fleur a répondu au premier appel du soleil ; si nous considérons la vigueur de leurs branches, la hardiesse de leur première verdure, l'abondance et la délicatesse de leurs grappes, ils nous diront les premiers élans d'amour que Marie encore enfant éprouva au sein de sa famille, et les trésors de mérite qu'elle s'est acquis dès les premières années qu'elle passa dans le temple.

Sous l'emblème des *Lilas,* nous trouvons aisément la ravissante figure de cette vierge d'Israël que le souffle de l'Esprit-Saint agitait sur sa tige, et dont la fleur se hâtait d'éclore aux doux rayons du soleil de justice. A la vue de ces premières fleurs de *Lilas,* blanches ou violettes, dont l'abondance réjouit toujours la vue, comment pourrions-nous ne pas admirer ces légions de jeunes vierges dont le rôle a été si sublime, dès les premiers jours du christianisme, que les Empereurs eux-mêmes reconnurent qu'il n'y avait rien au-dessus de leur constance et de leur générosité? Et comment ne nous inclinerions-nous pas encore aujourd'hui de respect devant toutes ces vierges du cloître et même devant ces vierges de la famille qui fleurissent sous la douce influence de leur dévotion envers Marie, et qui font l'honneur du jardin de l'Eglise et la gloire de la société?

CHAPITRE SEPTIÈME.

LA GUIMAUVE, OU ALTHÆA.

> Elle est sortie de la terre ; elle a ouvert sa main à l'indigent, et elle a étendu ses bras vers le pauvre.
>
> PROV.

Voilà que les fleurs deviennent abondantes. Déjà le Figuier commence à pousser ses fruits, et les vignes vont bientôt embaumer l'air de leurs parfums. Voyez l'exubérante végétation de la *Guimauve,* de cette véritable amie du pauvre, qui se plaît autant dans les alentours pierreux d'une cabane qu'aux abords splendides d'un palais, et qui semble même se rapprocher davantage de l'infortuné qui a besoin d'elle. La *Guimauve,* comme sa parente la *Mauve,* n'offre assurément rien de bien distingué pour la vue; mais tout en elle est en harmonie parfaite : tige, feuilles, calice, fleurs, tout est doux, tout est simple, gracieux et salutaire! Sans amertume, sans rudesse, son bois lui-même est d'un velouté qui annonce la bienfaisance. Les fleurs béchiques et pectorales de la *Guimauve* renferment un calmant précieux, et ses racines, dont on extrait un mucilage adoucissant, servent à la composition de ces pastilles balsamiques qui se convertissent en remèdes aussi agréables que salutaires. Aussi, quelle sainte reconnaissance n'inspire-t-elle pas à ceux qui profitent de ses bienfaits!

En nous donnant cette plante, la Providence s'est déjà montrée bien admirable à notre égard; cependant, ce n'est là que le programme de la douce prévoyance de Marie, qui, pour mieux se mettre à la portée des pauvres et des malheureux, se cache sous les plus modestes apparences. Heureuse elle-même des heureux qu'elle fait, Marie nous offre à tous les trésors de sa protection, sans que nous lui exposions nos besoins. Sa bienfaisance vient au-devant de nous sous mille formes de prévenances et d'attentions maternelles qui nous invitent à profiter de ses largesses. Demandons donc sans crainte : Marie ne trouvera pas notre prière importune, et son cœur ne nous reprochera jamais notre confiance à recourir à elle et à mettre sa miséricorde à contribution dans toutes nos peines.

A l'exemple de la sainte Vierge, l'ange de l'humanité souffrante, combien d'autres femmes se sont dès lors consacrées avec courage au soulagement de toutes les douleurs! Depuis cette première association de charité qui eut lieu aux pieds de la croix entre Marie et ses compagnes, la femme chrétienne n'a jamais cessé de prodiguer aux malheureux les témoignages les plus généreux de sa tendresse et de son abnégation.

CHAPITRE HUITIÈME.

LE RÉSÉDA.

De même que les parfums flattent l'odorat, ainsi les bons conseils de l'amitié réjouissent l'âme.

PROV.

Admirez ces touffes verdoyantes de *Réséda*, dont la bonne odeur surpasse de beaucoup la beauté; c'est par une délicatesse exquise que cette fleur prend à tâche, le soir et le matin, de doubler les flots de ses parfums, comme si elle voulait en soustraire le mérite et en cacher le prix au grand jour d'un monde adulateur.

Le *Réséda* est dans son genre ce que le Rossignol est dans le sien. Le plumage de l'un et le feuillage de l'autre sont sans agréments extérieurs; mais le chant de celui-ci et le parfum de celui-là font tout leur mérite; ils nous disent, chacun à leur manière, que les qualités solides garantissent bien mieux le bonheur que la plus riche parure. Plus on s'approche du *Réséda,* plus aussi on aime à respirer les vapeurs de son encens. Rien n'a plus de charmes que les premières émotions qu'il cause dans les beaux jours d'été, et qui se perpétuent jusqu'à la fin de l'automne. Simple dans sa vie et dans sa culture, exigeant peu de la terre qui le nourrit, le *Réséda,* une fois implanté dans quelque endroit, ne demande presque plus de soins.

Dans cet ensemble de qualités, on reconnaît facilement les mœurs candides et toujours simples de la sainte Vierge, qui a donné une si bonne odeur d'édification partout où elle s'est présentée. Son souvenir seul suffit encore aujourd'hui pour fortifier notre âme et déterminer notre volonté aux œuvres les plus héroïques ; une des plus grandes merveilles que l'influence de Marie a opérées sur la société, c'est la mission spéciale qu'elle a obtenue pour la femme jusque là si profondément avilie, et qui dès lors a acquis un ascendant communicatif dont la bonne odeur de sainteté et d'édification a le pouvoir d'attirer journellement et de convaincre les cœurs les plus indociles ; mais surtout quand un adolescent s'annonce pieux et confiant envers la sainte Vierge, il y a tout à espérer que les joies bruyantes du monde le toucheront peu ; ses goûts simples sauront se contenter des ornements de la modestie ; dans la force de l'âge mûr, il n'aura d'autre ambition que d'édifier saintement et de faire du bien, et enfin la bonne odeur de la vertu embaumera le reste de sa vie.

CHAPITRE NEUVIÈME.

L'AUBEPINE.

Obéissez fidèlement à vos supérieurs, afin qu'ils s'acquittent avec joie de la surveillance qu'ils vous doivent.
S. P.

Cet arbrisseau, si connu dans nos campagnes, joint tellement l'utile à l'agréable, qu'il s'est fait accueillir dans les parcs les plus élégants et au milieu des plus riches bosquets. C'est une des plantes qui se prêtent le mieux aux capricieuses volontés du jardinier; elle semble tout pardonner à ses ciseaux. L'*Aubépine* consent même à former ces haies vives, véritables murs de défense contre la main rapace des voleurs et contre la dent des animaux; mais dès les premiers jours du mois de mai, la bonne odeur de ses abondants bouquets fait oublier que cette plante a des épines.

Dans l'antiquité païenne, les mères avaient coutume d'attacher des rameaux d'*Aubépine* au berceau de leur nouveau-né, dans l'espoir de protéger leur innocence et de chasser les maléfices.

Beaucoup plus heureuses aujourd'hui les mères chrétiennes qui vouent leurs enfants à la garde de Marie! Non contentes de faire veiller leur amour maternel sur le berceau où repose l'objet de toute leur tendresse, celles qui obtiennent que l'œil de Marie protége leurs nourrissons auront plus tard la consolation de les voir heureusement préservés des dangers qui menacent leur existence; elles pourront concevoir l'espérance de les voir grandir en sagesse à mesure qu'ils avanceront en âge.

C'est une remarque populaire que l'abondance des fruits de l'*Aubépine* est le signe d'une année riche en récolte de tout genre. Dans le Nord, où les gelées tardives du printemps sont toujours si funestes et si meurtrières, on reste du moins persuadé que ce danger n'est plus à craindre dès que l'*Aubépine* est en fleurs; et c'est probablement à cette croyance qu'elle a dû l'avantage et l'honneur d'être choisie pour emblème de l'espérance.

Que la sainte Vierge préside donc aux premières émotions du cœur; qu'elle dirige les jeunes gens dans leurs premiers pas au milieu du monde, ce sera toujours là un présage de bonheur pour leur avenir; ce sera pour eux une haie de préservation contre toutes les occasions dangereuses, et une garantie presque certaine de leur fidélité et de leur persévérance dans la vertu.

CHAPITRE DIXIÈME.

LA ROSE.

Si vous voulez être aimé, ne cherchez pas seulement la richesse passagère des ornements extérieurs, mais plutôt les qualités solides du cœur et de l'esprit.

S. P.

La *Rose* est l'orgueil de nos jardins. Nos horticulteurs aiment à la regarder comme la fleur des fleurs. Tour à tour elle a été prise pour être l'emblème de la beauté, le symbole du bonheur, l'image de la sagesse, et même la récompense de la vertu. Sa couleur ordinaire, qui n'est ni le rouge ni le blanc, mais bien un mélange tempéré de ces deux nuances, lui a mérité le nom de *Rose*. Dans certaines contrées de l'Orient et sur les bords du Gange, les peuples avaient en quelque sorte divinisé les *Roses;* le soin de les cultiver était exclusivement confié à de jeunes vierges élevées dans la retraite ; on considérait ces fleurs comme l'habitation des sylphides; on croyait même alors que leurs parfums exaltaient le sentiment et élevaient l'esprit dans la véritable région du surnaturel.

Les poètes se sont souvent emparé du gracieux emblème de cette fleur pour en faire des guirlandes allégoriques qu'ils revêtissaient de tout le charme de leur inspiration ; ils sont allés jusqu'à donner à la *Rose* le beau nom de *Fille-du-Ciel*.

Si, avec ces idées dans le cœur, ils consentaient à détourner un moment leurs regards de la terre pour les tourner vers les cieux, c'est là qu'ils verraient la fleur des fleurs, la *Rose* des *Roses,* la véritable fille du ciel, la vierge Marie; et peut-être aussi prendraient-ils goût à la culture mystique de cette fleur, et invoqueraient-ils la puissance de ses vertus et de son crédit auprès de Dieu.

Tous les saints ont aimé à implorer la sainte Vierge sous le gracieux symbole d'une *Rose*. Saint Bonaventure, en particulier, devenait encore plus tendre et plus éloquent lorsqu'il disait à la sainte Vierge :

> . . . . *O Maria,*
> *Rosa decens, rosa munda,*
> *Rosa recens, sine spina,*
> *Rosa florens et decora,*
> *Rosa gratia divina*.*

A côté de la *Rose* ordinaire, voyez la *Rose* blanche, sa sœur puînée. On dirait une jeune fiancée vêtue de sa parure nuptiale et de toute la fraîcheur de sa riante élégance. N'est-ce pas avec bien de la raison que l'antiquité a toujours vu, dans la *Rose* blanche, le silence de la

* Le laconisme de ce quatrain est si beau, que, désespérant de pouvoir le traduire convenablement, nous nous bornons à le citer en latin.

modestie et la réserve de l'innocence ; aussi fut-elle toujours le symbole des saintes affections.

Eh ! que d'autres variétés de *Roses* de tout genre et de toute nuance ! Chacune d'elles nous fournit l'élément de la plus brillante couronne que la piété filiale puisse offrir à une mère.

Aussi est-ce par un des plus beaux sentiments de convenance toute virginale que la religion, s'emparant des *Roses*, en a donné le nom à une des fêtes qu'elle célèbre à l'honneur de la sainte Vierge. C'est en ce jour que l'Eglise nous invite à tresser à Marie une couronne de vertus, en forme de *Rosaire*, comme un diadème pour orner son front.

Si nous considérons dans les *Roses* la beauté de leurs formes, la suavité de leurs parfums, les larmes qui les baignent et les épines qui les entourent, nous reconnaîtrons facilement la charité de Marie, qui a tant aimé, tant sacrifié, tant pleuré, tant souffert. Semblable à un bouton de *Rose* qui captive déjà l'attention, mais qui n'exhalera tout son parfum que quand il sera épanoui, Marie était vraiment la *Rose* préélue que l'espérance des siècles admirait déjà, mais qui n'a eu tout son éclat et qui n'a réellement exhalé tout le parfum de ses vertus qu'au beau jour de sa divine maternité ; c'est alors seulement que toutes les grâces dont elle était déjà comblée brillèrent de toute leur splendeur.

En général, l'incarnat de la *Rose* est un présage de bonheur et d'amitié. Cependant, la fleur et les épines sont souvent sur la même branche ; celles qui entourent la *Rose* nous avertissent des dangers qui accompagnent le plaisir et du repentir qui en est souvent la suite ; ces gouttes de rosée qui brillent au milieu des *Roses*, comme des perles sur le front candide de la jeunesse, ne préludent que trop souvent aux larmes de ces jeunes personnes qui vivent ce que vivent les *Roses*. Il n'est que trop vrai que les plus belles fleurs de la vie humaine, celles qui ont le plus d'éclat et qui promettent le plus d'avenir, meurent bien souvent les premières, sans qu'on ait eu le temps d'observer le développement de leur floraison. Comme d'une *Rose* que l'on voit aujourd'hui fanée et que l'on avait trouvé hier si belle, on se dit en pleurant sur la tombe d'une jeune sœur : Hélas ! pourquoi n'a-t-elle pas vécu plus long-temps !!! Il n'est en effet point de titre plus beau dans l'état actuel de notre société que celui de vierge chrétienne, point qui soit plus officiellement et plus cordialement respecté. Le monde même le plus dissipé ne s'est jamais refusé à appeler du nom de *Roses* ces jeunes vierges qui savent se distinguer par les vertus de leur âge ; il les a même toujours considérées comme les anges de la terre.

Mais Marie, cette *Rose* mystique, cette *Rose* immaculée, non, jamais l'orage des passions n'a pu ternir sa blancheur ni faner ses corolles angéliques ! *Rose* de la terre, elle est encore aujourd'hui, et elle sera à jamais la *Rose* des saints dans les cieux.

CHAPITRE ONZIÈME.

LE LIS.

Celui qui aime la pureté de cœur aura le roi du ciel pour ami.

Ps.

Si maintenant nous arrêtons nos regards sur le *Lis*, qui est le roi des fleurs comme la Rose en est la reine, et que nous le regardions se balancer majestueusement sur sa tige, nous ne verrons peut-être pas encore toutes ces belles gerbes d'étamines d'or qui remplissent ses corolles argentées, mais nous pourrons déjà admirer la symétrie des pétales qui protégent son trésor.

Pendant qu'en plein midi beaucoup de fleurs brûlées par les ardeurs du soleil s'inclinent de faiblesse, le *Lis* relève sa tête royale et contemple face à face l'astre qui brille au haut des cieux. En voyant le *Lis* s'élever ainsi déjà couronné de ses beaux fleurons naissants modestement penchés vers la terre, notre piété reconnaîtra la profonde humilité de la sainte Vierge jointe à une si grande élévation de titres et de privilèges; et c'est la Bible elle-même qui nous autorise à appliquer à Marie cette charmante interprétation, en attirant nos regards sur ses vertus comme sur un *Lis* au milieu des épines : *Sicut lilium inter spinas.*

A l'aide de ce bel éloge fait par l'Esprit-Saint, la tradition chrétienne a toujours vu dans le *Lis* le symbole de la chasteté. Les suaves parfums qu'il répand sont comme les pensées saintes que cette belle vertu inspire aux âmes dociles. Le *Lis* est la fleur de prédilection des cœurs chastes, c'est la fleur des anges, c'est la fleur des vierges. Le *Lis* est la première fleur qui fut consacrée à la gloire de Dieu; c'est celle que nous plaçons de préférence sur les autels de Marie et dans les mains de saint Joseph.

Voyez, en effet, ces jeunes vierges, ces fleurs d'innocence si belles de candeur, si pures de sentiments, si délicates en paroles, si radieuses d'espérance, si édifiantes de droiture et de naïveté : la douceur de leur conversation, la gaieté de leur sourire, la simplicité de leur esprit, tout en elles dénote un instinct primitif pour la vertu; elles ne se doutent même pas que plus tard le monde viendra leur offrir un autre chemin que celui-là par où elles puissent arriver au bonheur.

Oh! que la main de Marie qui les cultive continue à protéger le trésor qu'elles possèdent, et que la grâce de Dieu le leur fasse apprécier toujours ce qu'il vaut! Il faut si peu à ces belles fleurs pour faire tache sur leur front!

CHAPITRE DOUZIÈME.

L'OEILLET.

Ne changez pas un vieil ami, car l'ami d'hier ne vaut pas celui que l'on possède par l'épreuve.

ECCL.

Voici une autre fleur qui s'offre à notre admiration sous mille nuances diverses, depuis le violet jaspé, jusqu'au jaune tendre, depuis le blanc parfait jusqu'au rouge éclatant : c'est l'*OEillet*, l'*OEillet* si cher à nos bons aïeux! Moins somptueux que le Lis, moins délicat que la Belle-de-Jour, moins gracieux que la Rose, l'*OEillet* a peut-être un parfum plus agréable. Sans doute, l'*OEillet* est une fleur charmante ; c'est de plus une fleur utile dont on extrait un arôme que l'on communique ensuite aux liqueurs, aux dragées et aux fruits confits; cependant, pour être agréable, le parfum de l'*OEillet* doit être goûté modérément et même à distance; toute recherche de l'odorat qui va plus loin, laisse souvent une saveur pénible. Mais une chose assez remarquable, c'est que dans la famille des *OEillets* il en est que l'on nomme perpétuels, parce qu'au cœur même de l'hiver ils ne cessent de nous récréer par l'abondance de leurs fleurs, qui se succèdent indéfiniment. Heureux emblème de la générosité de Marie et de l'affection maternelle qu'elle nous porte !

C'est aussi dans ces différentes qualités de l'*OEillet* que l'antiquité traditionnelle a trouvé le symbole de la véritable amitié, qui ne s'arrête pas à des paroles fastueuses ou à de vaines démonstrations de tendresse pendant les beaux jours de la prospérité, mais qui a le courage de se déclarer en tout temps et qui sait agir surtout dans les circonstances difficiles.

Rien de plus louable, assurément, aux yeux de la raison, rien de plus conforme à la religion même qu'une amitié bien entendue selon les vrais principes du devoir. Notre cœur y trouve un trésor inestimable de protection contre l'injustice, de consolation dans le malheur, et une source de lumières dans l'inquiétude; en un mot, une sainte et solide amitié et l'assaisonnement de toute la vie; mais malgré tous ces avantages inappréciables, quand nous considérons les caractères de l'*OEillet*, il semble nous dire que si la sensibilité du cœur n'est pas un défaut, elle est souvent le principe de bien des fautes, surtout quand elle se change en sensualité; toute complaisance devient alors pernicieuse; car l'amitié la plus sincère, l'amitié la mieux fondée, même sur les bonnes qualités du cœur et de l'esprit, a des limites devant lesquelles il faut savoir s'arrêter, et des extrémités dont on doit se garantir; or, ce sont malheureusement ces limites que le monde s'obstine à méconnaître, et c'est dans ces fâcheuses extrémités que le monde fait consister toute la perfection de l'amitié.

D'autre part, cette fleur nous apprend aussi que rien en ce monde n'est plus fragile que les affections humaines. Il faut plusieurs années de culture avant de voir fleurir l'*OEillet*, et il ne faut qu'un coup de vent pour en rompre la tige. Encore, s'il y avait moyen de renouer une amitié ralentie ! si l'on pouvait au moins la réchauffer ! Hélas ! souvent ce qu'un moment d'aigreur ou de vivacité a brisé, une vie entière ne le rétablira jamais !

A la vue de ce large et vigoureux pied d'*OEillet* fleuri depuis plusieurs semaines et toujours aussi beau, malgré les pluies froides et les coups de soleil qui se succèdent d'un jour à l'autre. nous nous sommes quelquefois surpris à dire : « Je voudrais un ami sincère et tel dans le fond de l'âme qu'il est dans les apparences ; un ami désintéressé qui s'attache à moi et non à mon rang; un ami vigilant et courageux qui me prévienne par ses conseils; un ami compatissant sur qui je puisse compter dans la disgrâce; un ami prudent et sage qui m'encourage à la vertu; un ami constant dont je n'aie pas à craindre le caprice; un ami enfin, un seul ami qui pût me suffire à mes derniers moments, quand le monde me refusera toute autre ressource; voilà celui que mon cœur cherche depuis longtemps. »

Mais de qui venons-nous de tracer le portrait? C'est le vôtre, ô divine Marie! c'est vous que nous reconnaissons pour notre véritable amie, pour notre unique amie, qui nous resterez inviolablement fidèle à la vie et à la mort; c'est le parfum de votre protection, c'est la faveur toute puissante de vos prières que nos misères réclament! Oui, c'est vous, ô Marie! que nous espérons trouver toujours secourable au milieu de nos plus grandes inquiétudes!

Nous en avons en quelque sorte la douce assurance, quand nous considérons ces fleurs d'*OEillets* que l'on nomme spécialement perpétuels, et qui sont d'autant plus précieuses et plus agréables à la vue que la saison des fleurs est passée et que le printemps ne s'annonce pas encore. Ces fleurs d'hiver nous apprennent aussi que Marie, mère du Sauveur, n'a pas seulement donné une fois la fleur des grâces divines, mais que c'est encore la douce influence de ses bénédictions qui contribue à faire fleurir la connaissance et l'amour de Jésus dans les âmes. Malgré la froide indifférence de notre époque, la dévotion envers la sainte Vierge, bien comprise et sagement pratiquée, voit tous les jours une moisson de fleurs et de fruits plus ou moins précoces, plus ou moins vivaces, mais perpétuels au sein du christianisme.

CHAPITRE TREIZIÈME.

LA PENSÉE.

Méfiez-vous de votre pensée, et n'écoutez pas tous les désirs de votre volonté ; vous vous exposeriez à être un objet de dérision pour vos ennemis. ECCL.

De toutes les merveilles que nous présentent les fleurs, il en est peu qui soient aussi dignes de notre admiration que les couleurs hardies et tranchées dont la Providence a enrichies les *Pensées*. La nature semble avoir pris un plaisir particulier à ne rassembler sur sa palette que des tons choisis pour les répandre sur ces fleurs et les embellir. Tout ce que nous admirons dans l'éclat majestueux de l'arc-en-ciel s'y trouve réuni et agréablement nuancé.

Les fleurs de *Pensées*, si simples, si petites, si inodores dans leur état naturel, prennent des couleurs beaucoup plus vives, un velours plus soyeux et des proportions plus larges par les soins que leur donne une main intelligente qui aime à les cultiver. A la seule distance qui sépare les champs du parterre, on ne reconnaît presque plus les parentes de la même famille. Les unes se traînent terre à terre et se confondent avec ce que la nature végétale a de plus ordinaire, les autres grandissent et leurs couleurs rivalisent d'éclat avec les plus belles fleurs de nos jardins.

Ainsi des pensées de notre âme; elles ont leur enfance; mais, bien cultivées par une éducation chrétienne et surtout grandissant sous la douce influence de la piété envers la sainte Vierge, elles acquièrent une délicatesse, une pureté et une élévation qu'on ne trouve pas dans ces esprits négligés qui sont habituellement livrés à la vie grossière des champs, ni dans ces âmes vénales qui ne rêvent au milieu du grand monde que frivolités et jouissances sensuelles.

C'est surtout dans le cœur de toutes les personnes qui ont une conscience pour discerner le bien du mal, une âme pour aimer et un esprit pour croire, que la *Pensée* de la vierge Marie a toujours trouvé un fidèle et persévérant écho. Généreux désirs de jeunesse, saintes fiertés de l'âge mûr, orgueil de l'honneur en tout temps, amour du devoir, courage et dévouement de la charité,..... toutes ces belles *Pensées*, vrais parfums de l'âme virginale, viennent de la grande *Pensée* de Marie comme d'un foyer générateur qui féconde tous les bons sentiments et qui les met en action.

Embrasser volontairement toutes les humiliations de la pauvreté, toutes les privations de la chasteté et tous les sacrifices de l'obéissance dans l'unique vue de se consacrer à Dieu, c'est-à-dire au prochain pour l'amour de Dieu, voilà les trois grandes *Pensées* que la foi catholique seule a le droit de conseiller, et que la dévotion envers la sainte Vierge a eu seule, jusqu'à ce jour, le pouvoir de produire. Cherchez ailleurs ces fleurs du paradis, plantez-les, cultivez-les ici-bas, et vous verrez qu'elles ne prospèrent que dans le jardin de Marie.

Les cœurs innocents sont, en effet, comme une terre vierge où les bonnes *Pensées* germent aisément, et où elles produisent toujours quelques fruits d'édification et de salut.

Pourquoi donc la nature a-t-elle semé partout et en si grande abondance ces charmantes fleurs de *Pensées,* si ce n'est pour combattre l'ingratitude trop commune des êtres pensants, et réveiller en eux le souvenir de la reconnaissance qu'ils doivent à Dieu pour tous les bienfaits qu'ils en ont reçus?

Que cette instructive leçon, écrite à chacun de leurs pas, sous leurs yeux, et sur chacune des fleurs de *Pensées* qu'ils rencontrent, leur soit enfin profitable!...

CHAPITRE QUATORZIÈME.

LE CHÈVRE-FEUILLE.

La plus belle parure d'une femme c'est sa conduite irréprochable.

PROV.

Et ce jeune *Chèvre-Feuille*, qui laisse habituellement flotter une partie de ses longues tiges au gré du vent, comme l'ondoyante chevelure d'une jeune vierge, et qui attache amoureusement l'autre partie au tronc noueux d'un vieux Chêne, que nous dit-il? que signifie son langage? Voyez-le, il sent trop sa dignité pour consentir à être plante rampante, et cependant il cherche volontiers un appui qui lui prête plus de force et qui lui donne plus de grâce; il n'exige pas, mais il aime qu'on le soutienne.

A la vigueur avec laquelle ce faible arbrisseau élance ses jeunes pousses à travers les branches d'un vieux Chêne, ne dirait-on pas qu'il aspire à surpasser en hauteur ce roi des forêts? Mais voyez comme il retombe en légers festons et en guirlandes chargées de fleurs qui font l'ornement de l'arbre qui le soutient. La tige du *Chèvre-Feuille* est souvent trop frêle pour la pesanteur des fleurs qu'elle doit produire; il faut qu'une main amie vienne la soutenir, si elle ne veut pas voir ses grappes élégantes ramper sur la terre et n'éclore qu'à moitié; mais, aidée de l'appui d'un légitime tuteur, la fleur du *Chèvre-Feuille*, pompeuse et magnifique, nous peint alors encore mieux la dignité de la femme et le noble orgueil de l'épouse chrétienne. Telle fut Marie : jeune et toute radieuse de bonheur et d'espérance, parce qu'elle se sent forte de l'appui de son vertueux époux, voyez comme elle est fière de la riche corbeille de son mariage, qui se compose des fleurs de bonne volonté, de soumission, de dévouement et d'abnégation. Le *Chèvre-Feuille* nous apprend que si Marie vierge est la fleur printanière de la religion, Marie mère en est la fleur d'été. Les épouses vertueuses ont en effet, sur les vierges, l'avantage de cette sagesse et de ce dévouement à toute épreuve que donne l'expérience. Fidèles imitatrices de Marie, elles n'en décorent pas moins le jardin mystique de la foi, par le mérite de leurs sacrifices journaliers et par la solidité de leurs vertus.

Heureuses donc les épouses chrétiennes, quand, au milieu de leurs obligations sociales et de leurs sollicitudes maternelles, elles savent se montrer pieuses et reconnaissantes envers la sainte Vierge; l'honneur qui leur en revient, la dignité et l'ascendant moral qu'elles en obtiennent, ainsi que le bonheur qu'elles procurent à tout ce qui les entoure sera toujours la plus belle récompense temporelle qu'elles puissent ambitionner.

CHAPITRE QUINZIÈME.

LES TRÈFLES.

Voyez combien le Seigneur est bon ! Heureux ceux qui le cherchent et qui espèrent en lui ! Ps.

Le *Trèfle*, comme l'indique assez son nom, est une plante herbacée dont les feuilles sont toutes ternées ou trifides; cependant, cette règle générale dans la nombreuse famille des *Trèfles* souffre quelquefois une exception qui a non-seulement attiré l'attention des naturalistes studieux, mais qui, de tout temps, a encore frappé l'imagination du vulgaire : c'est le rare phénomène des *Trèfles* à quatre feuilles, qui a toujours paru assez extraordinaire pour qu'on l'ait regardé comme un présage de bonheur.

Quoique cette croyance ait probablement pris son origine dans les superstitions des temps anciens, elle est encore aujourd'hui tellement enracinée parmi nous, que la rencontre d'un seul *Trèfle* à quatre feuilles est un augure favorable pour les yeux qui l'ont découvert, et un privilége pour la main assez heureuse qui l'a cueilli.

Toute simple que soit une tige de *Trèfle* à quatre feuilles, on la traite comme une amie que l'on voit rarement et que l'on conserve le plus long-temps possible ; on lui fait bon accueil, on aime à l'interroger, on écoute son langage prophétique, on y croit volontiers ; et quoique cette rencontre ne révèle rien de positif, on s'attend prochainement à quelque heureux événement dont on nourrit l'espérance. Et, chose bien remarquable, ce sont ordinairement les petits enfants qui sont les plus adroits à découvrir ces feuilles rares et mystérieuses que l'on appelle aujourd'hui, dans les campagnes, *Feuilles-de-Bonheur* ou de *Bon-Rencontre*.

Il ne serait pas facile de déterminer le véritable principe, ni même le motif de ces croyances populaires. Cependant, cette singulière anomalie des *Trèfles* à quatre feuilles semble nous dire que le vrai bonheur en ce monde est aussi une bien rare exception; que l'innocence seule a le droit de le trouver, et que les âmes pures seules le possèdent.

Mais imposons un moment silence à nos préjugés d'enfance, et abordons le mystérieux symbolisme de cette étrange particularité.

Le *Trèfle* à quatre feuilles nous prêche à sa manière le mystère de cette grande exception, unique dans le monde des intelligences même angéliques. Sans vouloir assurément rien changer au divin et incommunicable trio, *Père, Fils et Saint-Esprit*, quelques grandes âmes, légitimement enthousiastes des priviléges de

Marie, ont cru voir dans cette femme exceptionnelle une quatrième feuille formant le riche complément de cette adorable tige, sur laquelle reposent la création, la rédemption et la sanctification du genre humain.

En effet, l'existence surnaturelle extraordinaire de Marie, et surtout sa participation comme partie contractante dans le mystère de l'incarnation, en fait en quelque sorte une quatrième personne de la sainte Trinité, et c'est à ce titre que sa bienvenue a toujours été un augure de bénédictions pour l'humanité. Oh! qu'ils sont dignes de vivre dans l'inquiétude, de souffrir sans consolation et de mourir sans espérance, ces enfants qui ne recherchent plus la protection de leur mère! Aussi long-temps qu'ils l'ont ambitionnée, leur cœur s'ouvrait aux douces affections de famille, leurs intérêts temporels prospéraient, ils étaient heureux; et s'ils venaient à faire quelque chute, le souvenir de Marie ranimait leur courage. La rencontre de ce *Trèfle* mystérieux les aidait à se relever et leur offrait le ciel en échange de leur confiance et de leur repentir.

Encore aujourd'hui, quelle plus belle assurance de bonheur pourrions-nous désirer que l'affectueuse protection de Marie? Celui qui est assez privilégié pour avoir trouvé cette feuille virginale, peut s'abandonner aux plus douces espérances. Le passé est pour lui la garantie de l'avenir; qu'il sache du moins, pour sa consolation et son encouragement, que tous les saints ont été tendrement affectionnés à Marie, comme aussi tous les cœurs vraiment dévoués à Marie sont devenus des saints. Il n'en faut pas davantage pour justifier cette pieuse pensée que la sainte Vierge est cette quatrième feuille du divin *Trèfle*, dont la personnalité contribue si puissamment, dans l'Eglise de Dieu, au bonheur du monde et à la sanctification du genre humain.

CHAPITRE SEIZIÈME.

LE MYRTE.

C'est dans le témoignage d'une bonne conscience que réside toute notre dignité.
ECCL.

Avez-vous jamais fait attention aux particularités qui distinguent cette plante? Partout où le *Myrte* s'est une fois emparé d'un terrain ou d'un vase, il en écarte tous les autres végétaux et il stérilise en quelque sorte ses alentours, dont il tient à rester maître. Son isolement semble le rendre encore plus beau;

sa fleur apparaît alors dans toute sa délicatesse, et son épanouissement n'en est que plus ravissant.

C'est ainsi qu'après avoir pris un noble ascendant sur les objets sensibles qui l'entouraient, Marie parvint à s'affranchir encore des liens de la nature. Libre de tout partage et dégagée des soins du monde, son alliance avec le ciel est sans condition, sans réserve. Si la sainte Vierge aime la solitude, ce n'est que pour être mieux toute à son Dieu; car son cœur n'eut jamais de place pour aucun sentiment étranger à la vertu.

Cette belle leçon que le *Myrte* nous donne, et que la sainte Vierge a si généreusement pratiquée, a obtenu, dans tous les siècles de foi, des vies entières de fidèle imitation. Ne voyons-nous pas, de nos jours même, une foule de jeunes vierges maîtriser la voix d'un monde séducteur qui souriait aux grâces de leur jeunesse, et avoir le courage de se séparer de ses usages et de renoncer à ses plaisirs, non pour éviter le péché, mais pour ne pas ternir, même par la plus légitime alliance, une vertu qui est dans leur estime au-dessus de toutes les choses désirables. Sans autre but que celui de plaire à Dieu, ces *Myrtes* de la foi fuient le souffle empoisonné des misères terrestres pour devenir plus utiles à l'humanité souffrante. Leur séparation du monde en fait des êtres privilégiés qui ont des grâces particulières pour aimer et pour apprendre aux autres à aimer tout ce qui est beau, tout ce qui est divin : la vertu, le ciel !

CHAPITRE DIX-SEPTIÈME.

LE JASMIN.

Celui dont la société est aimable
se fera chérir plus qu'un frère.
PROV.

La fleur du *Jasmin* aux blanches corolles n'attire pas seulement les abeilles et les papillons; mais le lustre de ses brillantes étoiles captive encore les regards des observateurs les plus sérieux. Cette plante aux rameaux légers s'accommode parfaitement de la température des orangers; elle vit également en serre chaude, et si on la risque en pleine terre, elle y brave les hivers les plus rigoureux. Toujours simple et facile, le *Jasmin* prend les formes les plus gracieuses; obéissant à la main qui le guide, il se met en buisson, en massif, en arcades, en colonnes et même en treillage pour égayer nos regards et orner les murailles de nos terrasses; ou, si on le veut, il s'étend avec une prodigieuse élasticité en pampres verts qui courent et folâtrent d'un arbre à l'autre et purifient l'air de nos jardins.

Mais une bien remarquable qualité du *Jasmin*, c'est qu'il n'est pas sujet aux insultes des insectes malfaiteurs; ses feuilles vertes tombent en automne aussi fraîches qu'au plus beau jour de leur apparition.

Adoucir les rudes sentiers de la vie de l'homme, embellir et charmer son exil, le consoler dans ses chagrins, ranimer sa foi, verser sur toutes ses plaies morales et physiques le baume de l'espérance, l'aider à franchir heureusement le seuil de l'éternité, telle est la mission de Marie au milieu de nous. En lui mettant au cœur sa propre miséricorde, Dieu lui a mis à la main sa toute-puissance : si sa gloire est pour elle, sa clémence est pour nous.

Qu'il nous est agréable de lire, dans toutes ces heureuses habitudes du *Jasmin*, l'histoire de la vierge Marie, les ingénieuses ressources de son âme si aimante, l'aménité de son caractère si obligeant, l'inexprimable agrément de toute sa personne, sa vie toujours si utile et sans tache; sa mort sans douleurs et ses membres exempts de la corruption du tombeau. Blanche, pure et étoilée comme la fleur du *Jasmin*, la divine vierge Marie, au moment où elle tombe, ne fait, à la manière des étoiles du firmament, que quitter sa place et échanger la terre contre le ciel.

CHAPITRE DIX-HUITIÈME.

LE LIERRE.

> Ni la vie ni la mort, ni le présent ni le futur ne me sépareront jamais de l'amour de Dieu. S. P.

Il y a des siècles que le langage du *Lierre* est connu de tout le monde. Ce fidèle compagnon du vieux mur, dont il a accepté toutes les destinées, est bien résolu de vivre et de mourir avec lui. Le *Lierre* brave non-seulement l'aridité des terrains les plus rocailleux, mais il conserve encore toute sa verdure, aussi bien pendant les chaleurs les plus fortes de l'été que pendant les froids les plus rigoureux du cœur de l'hiver. Ces frappants emblèmes nous rappellent que Marie, cette incomparable mère, a aussi attaché toutes ses destinées aux destinées de son divin Fils. Elle connaît les désolations qui l'attendent sur la montagne du sacrifice; elle peut déjà compter d'avance toutes les injures dont elle sera abreuvée. Aucun des outrages, qui du fils vont bientôt rejaillir sur la mère, ne lui sont inconnues. N'importe, son dévouement saura braver toutes les épreuves; elle aura le courage de suivre Jésus jusqu'au sommet de la montagne de sang et d'assister au spectacle de toutes ses douleurs. Le ciel et la terre semblent conspirer ensemble pour rendre plus amère l'agonie du Sauveur; l'enfer même déploie toute sa rage: Scribes, Pharisiens, Juifs, tous se pressent afin de pouvoir mieux se repaître du spectacle de ses dernières souffrances. L'affliction de la sainte Vierge est à son comble; mais la divine magnanimité de Jésus semble avoir passé dans l'âme de Marie; le miracle de sa résignation surpasse le prodige de sa douleur; son attitude calme et toute céleste, au milieu des plus cruelles angoisses qu'un cœur de mère puisse ressentir, nous donne le plus grand exemple de courage et de fidélité dont la terre ait jamais été témoin. En embrassant les pieds de son divin Fils et en les arrosant de ses larmes, Marie, le véritable *Lierre* du Calvaire, reste comme attachée à la croix par les liens de son amour, et elle nous dit à tous ce que nous devrions nous dire à nous-mêmes : *Je ne peux et je ne dois pas me séparer de Jésus. Je vivrai donc, je tomberai et je mourrai avec lui.*

CHAPITRE DIX-NEUVIÈME.

LE LAURIER.

La vertu est le premier des biens.
Le vainqueur de soi-même est donc
préférable au conquérant des villes.
PROV.

L'antiquité a toujours considéré le *Laurier* comme un arbre protecteur qui s'interposait entre l'homme et l'orage pour repousser la foudre et calmer le courroux du ciel.

Chez les Grecs, l'odeur pénétrante de cet arbre passait pour communiquer l'esprit de prophétie et inspirer l'enthousiasme poétique.

On avait alors tant de confiance dans la vertu du *Laurier*, que si quelqu'un tombait malade on jetait des branches de *Laurier* aux portes de sa chambre, soit pour ralentir l'intensité du mal, soit pour garantir le reste de la maison des miasmes pestilentiels de la contagion.

L'histoire rapporte que l'empereur Tibère, dans les moments d'orage, cherchait un abri contre les effets du tonnerre sous les galeries de *Lauriers* qui ombrageaient les jardins de son palais.

Chez les peuples d'alors, c'étaient des rameaux de *Lauriers* chargés de leurs baies (*Baccæ Laureæ*) qui formaient la couronne dont on ceignait le front des vainqueurs. C'est de là que nous est venu le nom de *Baccalauréat*, qui est aujourd'hui le titre ou le diplôme de premier degré délivré, après examen, par les facultés de Droit, de Sciences ou de Lettres. C'est aussi pour cette raison que les peuples les plus belliqueux ont adopté cet arbre comme emblème de protection et comme symbole de la victoire. Cette tradition s'est tellement conservée, que l'on a en quelque sorte personnifié cet arbre, et que l'on donne encore aujourd'hui le nom de *Lauréat* à ceux qui remportent les prix dans les concours de science, aussi bien que dans les assauts de force ou d'adresse.

Loin de repousser ces nobles idées, l'Eglise elle-même a consacré le *Laurier* comme palme du martyre. Mais si nous cherchons plus haut le sens de cette gloire mystique et de cette protection toute céleste que le *Laurier* nous offre, nous trouverons que l'intervention la plus efficace entre les misères humaines et la trop juste vengeance du ciel, c'est Marie, secours des affligés et protection des infirmes : *Consolatrix afflictorum, salus infirmorum!*

Si grande que soit notre misère, quand c'est sous les yeux de cette divine guerrière que nous combattons, quelles victoires ne sommes-nous pas assurés de remporter? Avec le sentiment de notre confiance dans le cœur, avec le *Laurier* de la vertu dans les mains, nous pouvons espérer que Marie combattra pour nous, et qu'en récompense de notre piété elle nous obtiendra, par la toute-puissance de ses bénédictions, le *Laurier* de la lutte, du courage et de la fidélité en ce monde, et la palme du triomphe et de la victoire pour l'éternité.

CHAPITRE VINGTIÈME.

LE LAURIER-THYM.

L'étourdi se met hors d'haleine ; mais le sage diffère et se réserve pour le temps opportun.

PROV.

Vous connaissez sans doute le *Laurier-Thym*, dont les touffes de fleurs blanches se détachent en hiver sur un fond vigoureux de feuilles vertes. L'été, l'automne et l'hiver se succèdent sans rien changer à sa parure et sans que son feuillage perde rien de sa richesse. L'heure même de sa fécondité arrive sans le flétrir.

Ce phénomène assez rare parmi les plantes semble nous rappeler que la sainte Vierge a été, sous ce rapport, l'unique exceptée dans la grande famille du genre humain. Cette beauté native, qui avait rayonné sur le visage de Marie dès les premiers jours de son enfance, s'y maintint jusqu'à la fin de sa vie, sans que les ténèbres de la dégradation originelle aient jamais fait ombre sur son front. Toujours pure et immaculée, la sainte vierge Marie ne perdit rien de sa première consécration par son alliance avec saint Joseph; et, de plus, elle ne mérita jamais mieux l'admiration du ciel que le jour de sa divine maternité. Loin d'altérer l'éclat de sa beauté devant Dieu, son privilége unique de mère de l'Agneau sans tache la rendit encore plus belle et plus digne des hommages de la terre et du ciel.

CHAPITRE VINGT-UNIÈME.

LE NYMPHÆA, OU NÉNUPHAR.

Ne vous laissez point abattre par la profondeur de l'humiliation, comme ceux qui n'ont point d'espérance.

Ps.

Avez-vous vu ces *Nymphæas* qui prennent racine dans la vase, au fond de l'eau, et qui non-seulement ne cherchent pas à abandonner cette étrange patrie, mais qui périssent dans tout autre sol mieux préparé par la main des hommes? Cependant, le temps venu pour le triomphe de sa floraison, le *Nymphæa* s'élance de toute la profondeur du marais, et ses feuilles larges et satinées forment un plancher de verdure sur lequel les légers habitants de ces parages peuvent se promener sans danger. Toutefois, l'action immédiate du soleil lui est nécessaire pour s'épanouir ; sa fleur, vraiment éblouissante de blancheur, vient donc éclore sur la surface des eaux ; mais alors, ne tenant plus à la terre que par un fil, elle se prête majestueusement aux divers mouvements des eaux, sans en être submergée.

Ces étranges singularités nous disent que la belle Vierge d'Israël, originaire de vingt Rois, ses ancêtres, n'en tenait pas moins à vivre au fond du pays ignoré de Nazareth, loin de l'air contagieux du grand monde. Si l'on cherche le palais de cette princesse royale, et que l'on veuille entendre les cris d'admiration que l'on a dû prodiguer à sa naissance, tout est silencieux. L'histoire se tait, et le berceau de Marie est inconnu comme sa tombe.

Cependant, comme elle n'attendait que de la toute-puissance divine le miracle de sa maternité, sa tige royale, exceptionnellement privilégiée, a dû suivre un nouvel ordre de choses pour s'élever du fond de son origine terrestre. Avant de fleurir, il lui a donc fallu traverser les eaux du déluge sans en ressentir la malédiction. C'est alors que Marie a été vue au milieu de nous, majestueusement soutenue entre le ciel, objet de tous ses vœux, et la terre, à laquelle elle ne touchait déjà plus que par les pieds. La fleur de sa vie éclatante de blancheur a constamment surnagé au-dessus de toutes les misères de notre condition; elle en a traversé les écueils au milieu des plus grandes tempêtes, sans que son âme ait jamais eu à craindre le naufrage. C'est aussi en nous appuyant sur les mérites des prérogatives de Marie, que nous, pauvres habitants de cette terre de malédictions, nous pouvons marcher avec une certaine confiance au milieu des dangers innombrables qui nous environnent, et nous soutenir au-dessus des abîmes sans fond que nous savons être sous chacun de nos pas.

CHAPITRE VINGT-DEUXIÈME.

LE GERANIUM.

La pauvreté du juste vaut mieux que l'opulence des pécheurs.

DEUT.

Les *Geranium* connus et cultivés aujourd'hui en France, au nombre de plusieurs centaines de variétés, nous viennent tous du cap de Bonne-Espérance. Ils semblent avoir traversé les mers pour venir partager les rigueurs de notre condition et ranimer nos espérances. On a même donné à l'une de ces fleurs le nom de *Geranium triste,* parce qu'elle exprime la mélancolie et qu'elle symbolise encore mieux que les autres la compassion à laquelle le malheur du pauvre a toujours droit.

Pour les gens du peuple qui aiment les fleurs, il faut un *Geranium* qui vit avec eux de l'air qu'ils respirent, et qui s'abreuve de la même eau dont ils se désaltèrent. C'est un ami de leur pauvreté qu'ils cultivent avec soin, et dont la présence les encourage à supporter les privations attachées à leur état.

Qu'on ne nous refuse pas la consolation que nous goûtons à retrouver encore la sainte vierge Marie dans cette fleur, qui se plaît autant sur l'humble fenêtre de l'artisan que sur les riches balcons de nos heureux du siècle. Nous voyons ici l'attitude calme de la mère des douleurs au milieu des privations de la pauvreté, toujours aussi remarquablement belle dans son extase d'amour que sublime de résignation dans l'excès de sa douleur. Le visage de Marie, endolori par les plus cruelles appréhensions, son front voilé par un nuage de sainte amertume, la tristesse résignée de son regard, tout en elle exprime le mélange des sentiments qui l'affligent; mais, de même que plus on broie les feuilles du *Geranium*, plus il s'en exhale de parfums, ainsi quand Marie est écrasée sous le poids de son affliction, c'est alors qu'elle se montre encore plus admirable de constance et de grandeur d'âme. Bien des fois elle a renoncé à la gloire d'être la mère d'un prophète, mais elle ne peut refuser l'humiliation qu'il y a de passer pour la mère du Sauveur méconnu et outragé. Pendant tout le drame sanglant de la Passion, elle ne laisse pas échapper un seul mouvement d'indignation, pas un seul reproche sur l'aveuglement des Juifs; triste, mais résignée, elle commande à sa douleur parce qu'elle voit, dans le sacrifice de la croix, l'enfer vaincu, le monde racheté et la justice de Dieu satisfaite. Jérémie nous a laissé plusieurs tableaux achevés des souffrances humaines; mais quand il est question de parler des douleurs de Marie, ce prophète des lamentations fait comme cet artiste qui, peignant le sacrifice d'une jeune fille et ayant déjà exprimé toute la tristesse des spectateurs, se borna à jeter un voile sur le visage de son père, témoignant ainsi qu'il désespérait de pouvoir jamais rendre une semblable douleur. Jérémie laisse aussi tomber son pinceau devant le sanctuaire du cœur désolé de Marie, nous faisant entendre par là que la tristesse de la mère du Sauveur mourant serait bien ordinaire s'il pouvait la peindre. Qui pourrait jamais approfondir l'abîme de ses douleurs? Elle a peut-être sur le visage la tristesse de la mort, mais elle a dans le cœur la charité divine, et dans le regard l'expression céleste de la foi des bienheureux ; elle est au pied de la croix, bien moins comme témoin du plus grand des mystères, que pour y coopérer par son acquiescement et sa résignation.

Il fallait donc cette tristesse majestueuse de Marie pour rendre la nôtre salutaire; il fallait les saintes amertumes de son âme pour nous décider à prendre le deuil de nos vanités; il fallait l'héroïsme de sa résignation pour nous apprendre à être soumis aux décrets de la Providence; il fallait à notre faiblesse le parfum consolateur de cette admirable fleur broyée, écrasée sous le poids des ignominies et des amertumes. Supplions donc Marie de nous obtenir un de ces sentiments de générosité et de compassion dont son âme est inondée, afin que nous rendions méritoires les maux inséparables de notre vie, et qu'à son exemple nous puissions aussi aider les autres à supporter les leurs d'une manière fructueuse pour le ciel.

CHAPITRE VINGT-TROISIÈME.

LA BELLADONE.

> La beauté d'une femme sans vertu est comme un collier d'or au cou d'un animal immonde.
>
> PROV.

Bella-Dona en italien, ou *Belle-Dame* en français : tel est le nom que l'antiquité a donné à cette plante à cause de la vertu de l'eau distillée de ses feuilles, que l'on croyait propre à entretenir la fraicheur de la peau et à relever l'éclat de la beauté *.

Mais quelle est donc la véritable *Belladone*,

* A en croire quelques historiens, les dames romaines faisaient un fréquent usage de certaines eaux mystérieuses préparées à la *Belladone*, comme d'un spécifique calmant propre à entretenir la fraicheur de leur teint.

ou la *Belle-Dame* par excellence, si ce n'est la sainte vierge Marie? Sans doute elle était belle, humainement parlant, et richement dotée, selon le monde, de toutes les grâces dont peut jouir une pure créature. Sa personne était admirable même dans l'humble condition où elle aimait à s'envelopper; sa figure était empreinte d'un caractère si céleste, que le regard de l'homme ne trouvant rien d'humain dans ce prodige de beauté, se surprenait, en la voyant, à rêver les cieux; mais ce n'est pas seulement de ses sœurs de la Judée, c'est surtout de l'amour et de la vénération des anges que Marie reçut encore le nom de *Belladone*, parce qu'ils reconnurent en elle toute la perfection de la beauté personnifiée.

Satisfaite de cette beauté que donne la sagesse, Marie a accompli saintement, au milieu de nous, sa destinée, qui fut assez longue puisqu'elle fut riche en mérites. Si l'exemple de la sainte Vierge ne suffisait pas pour rectifier notre jugement sur la futilité des avantages extérieurs et purement corporels, la *Belladone* de nos champs nous rappellerait que le sourire de la vertu a toujours été le premier ornement de la beauté. C'est ce qui faisait déjà dire à un philosophe de l'antiquité que si les femmes savaient combien la vertu rehausse la beauté, elles voudraient toutes être vertueuses pour être belles.

Mais la beauté humaine est comme la *Belladone;* il y a une mesure où elle plaît, parce que c'est une qualité. Passé cette mesure, elle devient le jouet des caprices; c'est une ivresse qui porte l'esprit à la déraison, et qui fait tomber dans la boue de toutes les absurdités; c'est le poison de la *Belladone* qui devient mortifère.

Quoique la beauté physique soit différemment appréciée, selon les pays et les mœurs des nations, il y a cependant une beauté native qui est partout et toujours admirée. Tel fut le privilége de la sainte Vierge; il était, en effet, de toute convenance que la mère du Créateur, fût aussi la plus belle de toutes les créatures.

Dans les fastes du paganisme, toute la perfection humaine se résumait dans la beauté, parce qu'alors les femmes n'étaient destinées qu'à parler aux yeux et aux sens; mais pour être belle dans le christianisme, une femme doit parler au cœur et à l'âme; modelée sur la beauté de Marie, elle doit briller de cet éclat idéal qui mérite tout à la fois qu'on l'admire saintement pour sa beauté, qu'on l'estime pour son esprit, qu'on la respecte pour ses qualités morales, et qu'on la chérisse pour sa vertu. Cent fois malheur à la *Belladone* du monde qui ambitionnerait d'autres triomphes que ceux-là!

CHAPITRE VINGT-QUATRIÈME.

LA BELLE-DE-JOUR.

La beauté humaine égare souvent la raison, et la parure corporelle corrompt la sagesse.

PROV.

Les noms sont donnés aux choses pour désigner leurs principaux attributs, en reproduisant à notre esprit l'idée des objets qu'ils expriment.

Le nom de *Belle-de-Jour* a donc été donné à cette fleur blanche parce qu'elle ne s'ouvre qu'aux grands rayons du soleil, et qu'elle se referme le soir dès que la nuit approche. La

Belle-de-Jour semble avoir emprunté l'éloquence de nos livres saints pour dire à toutes ces reines de la volupté qu'elles n'ont aucun éclat par elles-mêmes, mais qu'il faut que le soleil les mette en évidence ; que d'ailleurs le tissu de leur beauté corporelle est si frêle, qu'un jour suffit pour les flétrir. Le matin a pu admirer l'éclat et la fraîcheur de leur jeunesse et le soir les trouve déjà fanées et mourantes de vieillesse. Comme pour la fleur dont nous parlons, le plus beau des jours n'a qu'un certain nombre d'heures, et rien ne peut empêcher le lendemain d'arriver ; un de ces lendemains sera le dernier pour quelqu'une de ces *Belles-de-Jour* de notre grand monde. Et puis, cette beauté humaine fût-elle réelle, fût-elle durable, elle devrait encore, à l'exemple de la beauté de Marie, s'illuminer des teintes de la vertu, qui seules peuvent lui donner Dieu même pour admirateur. Ce qui rendit surtout Marie si belle aux yeux des anges et des hommes, ce fut cet océan de lumières dont elle fut environnée à la naissance de Jésus, par l'éclat qu'elle recevait de ce soleil de justice.

Le langage de la *Belle-de-Jour* n'a pas été sans écho. Des cœurs dociles se font journellement un devoir d'y répondre. De même qu'il est inutile aux plus belles fleurs de la terre de dépenser inutilement le luxe de leur beauté pendant la nuit, ainsi voyons-nous aujourd'hui ces admirables imitatrices de Marie, heureuses d'avoir fait un peu de bien pendant le jour, heureuses d'avoir porté quelques consolations aux malheureux ou d'avoir montré au repentir le chemin du bonheur, user paisiblement leur courte existence dans l'exercice quotidien du plus généreux dévouement. La nuit venue, elles dorment tranquilles du sommeil des justes; mais, comme les fleurs de la *Belle-de-Jour*, qui s'épanouissent aux premiers rayons du soleil, on les voit le lendemain matin voler de nouveau, avec un maternel amour, partout où il y a des enfants à instruire, des malades à soigner, et une odeur de mort à combattre.

Pour ces *Belles-de-Jour* dont la religion s'honore, toute autre prime de beauté que celle de la vertu n'est qu'illusion, mensonge et amertume. Et combien de ces *Belles-de-Jour* qui, fatiguées de la méchanceté de ce monde et saintement impatientes d'une vie meilleure, n'attendent pas les ombres de la nuit pour aller jouir du bonheur promis à leur amour? Prodigue envers la chasteté des honneurs dont la terre est avare, Dieu n'expose pas long-temps ces fleurs du paradis au souffle de la corruption du monde; il les laisse briller *un jour* sur la terre et il se hâte aussitôt de les rappeler dans la gloire des anges, où elles s'épanouissent pour l'éternité.

CHAPITRE VINGT-CINQUIÈME.

LA BELLE-DE-NUIT.

Le Seigneur est ma lumière ; il est le protecteur de ma vie : qui pourrais-je craindre ? Ps.

La Providence a donné à une autre fleur des dispositions si différentes, si opposées, que les peuples, dans leur langage toujours clair et expressif, ont cru devoir lui imposer le nom de *Belle-de-Nuit*.

Cette singulière plante aime peut-être le soleil pour sa tige; mais il est manifeste qu'elle le redoute pour sa fleur. Contrairement aux habitudes de sa sœur la Belle-de-Jour, elle ne s'ouvre que lentement vers le soir, et elle reste épanouie jusqu'au lendemain matin. C'est sans doute ce qui lui a valu l'honneur d'avoir été choisie pour être le symbole de la timidité *.

Mais sans approfondir les raisons d'une semblable anomalie, nous ne pouvons nous empêcher d'y voir une grande leçon de prudence et de fidélité. L'ombre de la nuit, pendant laquelle cette fleur s'épanouit plus librement, et le secret dans lequel elle aime à cacher l'inimitable velours de sa parure, comme si elle voulait dérober sa beauté aux regards des curieux, nous rappellent surtout un des plus beaux épisodes de la vie de Marie.

A peine entre-t-elle dans l'étable de Bethléem, sur le soir, qu'au dénuement où elle la trouve

* Quelques naturalistes ont eu la pensée que si cette fleur s'obstine à dormir le jour et à ne s'épanouir que la nuit, c'est que, malgré sa transplantation dans notre pays, elle tient à rester fidèle à son hémisphère originel, dans lequel le jour finit précisément quand le soleil commence à se lever pour nous.

elle comprend que la nuit qui s'annonce est précisément celle que le prophète avait aperçue de loin, quand il s'écriait : *Cette nuit sera brillante, et son obscurité sera lumineuse comme la clarté du soleil.* En effet, jamais la sainte Vierge fut-elle plus *Belle* que pendant cette *Nuit* majestueuse où le ciel et la terre proclamèrent à l'envi, par les plus beaux cantiques des anges, la gloire de sa divine maternité?

Plus tard, lorsque Jésus remplissait la Palestine du bruit de ses miracles, ou qu'il entrait en triomphe dans Jérusalem, comme le géant des cieux quand il commence sa course, Marie n'était pas avec lui. Elle se dérobait au contraire à tous les regards, de peur que quelque rayon de la gloire du fils ne vint rejaillir sur la mère; mais à peine sait-elle que l'heure sombre des ignominies est arrivée, elle accourt, elle tient à assister aux lugubres scènes de la passion : la *Nuit* du Calvaire surtout réclame la présence de Marie au pied de la croix.

Dans toutes les circonstances solennelles où

il pourrait lui revenir quelque gloire, elle a bien soin de rester elle-même ignorée et de laisser éclipsé le mystère de sa divine maternité ; mais quand le soleil lui-même s'éclipse pour ne pas éclairer le crime des Juifs, c'est alors que Marie paraît, et jamais elle ne fut plus *Belle* que pendant cette *Nuit* mystérieuse où la terre, couverte de ténèbres au milieu même de la journée, témoignait assez de la honte de toute la nature et des souffrances de son auteur.

C'est sous l'influence du même sentiment de fidélité au Dieu de leur jeunesse, c'est par respect pour leur sainte vocation que ces vierges chrétiennes, dignes émules de Marie, leur sœur aînée, s'éloignent tous les jours de l'embrasement de Sodome, et fuient les joies de Babylone pour s'enfoncer dans l'obscurité d'une maison de providence ou d'un refuge, plus calmes, plus méritantes et plus heureuses, sans doute, dans la *Nuit* de leur retraite qu'elles ne le furent jamais dans les fêtes les plus brillantes que le monde a pu leur offrir.

Quand un malade se promène pendant la *nuit*, car le malheur ne dort pas, quelle consolation pour lui d'apercevoir la *Belle-de-Nuit*, dont la blancheur semble encore conserver dans l'ombre quelque éclat du soleil, et qui lui rappelle que, malgré le délaissement où il se trouve, Marie, la bonne Marie, veille encore sur lui. Oui, la *Belle-de-Nuit* dit à tous les affligés que la sainte Vierge n'est jamais plus attentive à écouter les soupirs de leurs douleurs que quand tout semble les avoir abandonnés. Pendant qu'un monde ingrat et égoïste dort avec indifférence sur nos disgrâces, Marie, la véritable *Belle-de-Nuit*, veille avec plus de tendresse sur nous, et c'est dans la *Nuit* de notre abandon que les sollicitudes de Marie sont plus empressées, ses affections plus spéciales, ses sourires plus maternels, et qu'elle nous prodigue ses plus douces consolations.

CHAPITRE VINGT-SIXIÈME.

LA SENSITIVE.

> Tenez-vous dans une continuelle vigilance, car les piéges du méchant sont en grand nombre.
>
> ECCL.

Ne seriez-vous pas tenté de prêter l'oreille pour écouter ce que vous diraient les *Mimosa*, quand vous les voyez replier leurs feuilles sur eux-mêmes, au simple frôlement d'un insecte qui voltige autour d'eux, ou seulement au bruit d'une voiture qui roule non loin de là sur le pavé? Quelques-unes de ces plantes rapprochent subitement leurs folioles, comme les mâchoires d'un piége à ressort, et attrapent les mouches qu'elles punissent ainsi de leur témérité; mais c'est surtout la *Sensitive* (*Mimosa sensitiva*), qui contracte rapidement ses feuilles pour se soustraire à la main de l'homme.

La mystérieuse résistance de cette fleur est comme un asile secret dans lequel elle s'enveloppe pour se garantir contre les indiscrets qui voudraient folâtrer avec elle.

Où pourrions-nous trouver une plus vive image pour peindre les timides alarmes de la jeune vierge Marie, qui, par prudence et par amour de Dieu, se hâte de fermer son cœur et ses oreilles aux sollicitations de son âge, et va se réfugier dans le temple avant que le moindre contact du monde ait terni son innocence?

Jeunes *Sensitives,* vierges chrétiennes, qui pouvez jusqu'à ce jour, vous glorifier d'avoir été les fidèles imitatrices de Marie, continuez à être craintives et prudentes pour que la main de Marie continue à vous protéger. Oh! que nous aimons à voir vos scrupules et vos frayeurs! Que vos susceptibilités sont légitimes, et que vous avez raison de vous alarmer devant un monde aussi hardi et aussi pervers! A l'exemple de la divine Vierge, et comme la timide *Sensitive,* secouez de vos ailes la moindre poussière qui pourrait en ternir la blancheur; n'oubliez pas que votre front est une des façades de l'arche sainte; couvrez-le du voile de l'humilité, et ne permettez pas qu'un souffle étranger ou qu'une main téméraire vienne le détourner pour vous dérober le trésor qu'il cache. La vie entière de la sainte Vierge, craintive jusqu'à l'ombre du mal, vous prévient que jamais vous ne pourrez avoir trop de vénération pour votre innocence.

CHAPITRE VINGT-SEPTIÈME.

LE BASILIC.

Le fruit de la modestie, c'est la richesse.
PROV.

Choisi par l'antiquité comme symbole de la pauvreté, l'humble *Basilic,* dont la pénétrante odeur appartient encore plus à ses feuilles qu'à ses fleurs, nous représente l'humiliation de Marie, si noblement supportée au milieu de tant de gloires héréditaires. Cette modeste plante, que l'on ne peut cueillir sans se sentir tout imprégné de ses parfums, nous apprend assez que le mérite intérieur des vertus de famille, sous les plus simples apparences du toit domestique, produit assurément plus d'édification que ces grands actes de vertus purement humaines qui sont le fruit de l'ostentation et de l'orgueil, et dont l'éclat n'aura d'autre récompense que celle de l'opinion mondaine. Comme ces montagnes qui renferment l'or et les richesses, et qui cependant n'offrent aux yeux qu'un aspect désolé, ou plutôt comme l'humble *Basilic,* qui ne se fait remarquer que par les parfums qu'il répand, Marie naît et grandit dans la maison obscure du vieux Joachim, débris méconnu de la race héritière des promesses.

Quoique les Pères de la primitive Eglise, en qui la mémoire de la sainte Vierge était encore toute vivante, lui aient attribué toutes les perfections possibles, cependant l'angélique modestie de cette Vierge incomparable nous laisse à peine entrevoir les trésors de grâces qu'elle a reçus du ciel et qui n'ont été que bien imparfaitement révélés à la terre.

C'était le beau siècle d'Auguste.

Chacun s'occupait de science, de gloire, de conquêtes, etc., et tout le monde a ignoré le trésor que possédait l'atelier du vertueux Joseph. On dirait que, d'intelligence avec la pauvreté de Marie, l'Esprit-Saint ait voulu nous interdire jusqu'à l'entrée de cette modeste retraite de Nazareth, dans laquelle nous aurions pu admirer des magnificences que l'humilité de Marie a recouvertes d'un voile impénétrable, et que cependant nous serions si heureux de connaître. Pourquoi faut-il que cette créature, qui paraît aux anges plus belle et plus riche que le soleil, ne soit marquée d'aucun trait qui la signale à l'admiration des mortels? Ah! c'est que pareille à la principale qualité du *Basilic*, le mérite de cette noble fille de Sion est tout intérieur. Si sa pauvreté nous cache le côté brillant de ses prérogatives, le parfum de ses vertus nous révèle sa véritable dignité.

CHAPITRE VINGT-HUITIÈME.

LA GIROFLÉE.

Béni soit le père des miséricordes, qui nous console, afin que nous puissions consoler les autres.

II Cor.

Parmi les plantes domestiques, il en est une qui aime à croître dans les crevasses d'un vieux mur, dans la cour d'une prison, sur les créneaux d'une vieille tour abandonnée, sur la corniche d'un palais, sur le toit des chaumières ou à côté des tombeaux : c'est la *Giroflée*, qui semble prendre plaisir à déplorer quelque infortune, à consoler quelque malheur, ou à voiler les ruines de quelque ancienne splendeur déchue.

Pendant les jours mauvais de la France, des malheureux brisèrent les tombeaux de saint Denis et en cachèrent les débris dans un réduit obscur où la révolution les oublia; mais les touffes de *Giroflée* couvrirent bientôt les murailles de cette religieuse enceinte et inspirèrent de nobles accents à plusieurs poètes sérieux. Au parfum que ces fleurs répandaient, on eût dit qu'un pieux encens s'élevait vers le ciel, de ces royales décombres.

A la vue de cette fleur si passionnée pour la solitude, on se rappelle le pénible voyage de la sainte famille en Egypte, pendant lequel l'humble demeure de Nazareth fut tellement délabrée par l'abandon, que la toiture s'en était affaissée. Parmi les plantes pariétaires qui avaient pris possession de ses ruines, la *Giroflée* en faisait l'ornement, et ses fleurs d'espérance annonçaient un avenir meilleur.

Combien de cœurs froissés se sont rouverts à la confiance et même à la foi, en voyant la *Giroflée* rester ainsi fidèle au malheur! Oh! que cette fleur nous peint bien la fidélité de la bonne vierge Marie, veillant toujours au salut des plus désespérés, toujours clémente, toujours attentive, toujours protectrice, même après les plus grands égarements, pourvu qu'on l'implore avec confiance comme la grande aumônière dont les mains sont toujours pleines de bénédictions!

CHAPITRE VINGT-NEUVIÈME.

LE SOUCI.

> La tristesse ôte la force; mais Dieu proportionne ses consolations aux chagrins qui pénètrent notre âme.
>
> Ps.

Le nom si mélancolique et si triste du *Souci* renferme une vérité qu'il est aisé de découvrir. Sans vouloir approfondir ici la signification latine de cette plante, qui en fait un espèce de tournesol (*Solis sequium*), mais à nous en tenir simplement à l'idée que ce nom réveille dans notre langue, nous trouverons dans les dispositions de cette plante et dans le caractère de sa fleur l'ordre que la Providence a donné au *Souci* de naître, sous chacun de nos pas, tous les jours et dans tous les âges de notre vie.

Il est un certain nombre de fleurs dont la synonymie avec d'autres objets a souvent prêté matière à des allégories ou à des jeux de mots plus ou moins spirituels; ainsi, le seul nom de *Souci* représente déjà un des principaux caractères inévitables de la vie humaine. Il n'est peut-être aucune plante qui exprime mieux les inquiétudes et les chagrins de ce monde que le *Souci,* soit par son odeur repoussante et par la vivacité de sa couleur, soit par son extrême facilité à se propager, et enfin par sa singularité à donner des fleurs dans presque tous les mois de l'année.

Comme cette fleur choisit précisément les jours sombres pour étaler le plus grand éclat de ses couleurs, et ménage toujours pour le soir ses exhalaisons les plus fortes, ainsi les peines de l'âme et les appréhensions d'avenir deviennent encore plus vives dans les jours mauvais, ou sur le déclin d'une vie déjà bien pénible. La tristesse de la veille, jointe aux chagrins du jour, est encore alors rembrunie par les *Soucis* du lendemain.

La belle et somptueuse apparence de ces fleurs nauséeuses nous apprend aussi que les plus grandes souffrances morales se cachent ordnairement sous l'éclat des vêtements les plus riches, et qu'elles marchent souvent de pair avec l'étalage le plus somptueux.

Mais, abstraction faite de toutes ces circonstances, la fleur du *Souci* nous rappelle les inquiétudes que la sainte vierge Marie a éprouvées dans le cours de sa vie, soit lorsqu'après avoir essuyé à Jérusalem les rebuts les plus humiliants, elle fut obligée de venir se rabattre à Bethléem dans une pauvre étable; soit quand la fureur d'Hérode poursuivait tous les enfants d'Israël, et qu'elle se vit contrainte de fuir en Egypte; soit encore à l'occasion des grandes fêtes de Pâques, lorsqu'elle crut avoir perdu son Fils unique; soit enfin par la cruelle appréhension qui pesait habituellement sur son âme, par la connaissance qu'elle avait de toutes les douleurs et de toutes les amertumes que lui réservaient l'ingratitude des Juifs et la barbarie des bourreaux, qui, en perçant le cœur de Jésus, perceraient le sien du même coup. Cette fleur du *Souci* nous avertit donc que si une âme aussi vertueuse et aussi privilégiée que celle de la sainte Vierge n'a pas été exempte de peines et de *Soucis*, nous, infidèles et ingrats, nous devons bien nous attendre à avoir aussi les nôtres.

Eh! qu'y aurait-il surtout d'étonnant que le soir de notre vie fût sombre et chargé d'inquiétudes, si le matin et le midi n'ont pas été ce qu'ils devaient être?

CHAPITRE TRENTIÈME.

LE TOURNESOL.

> Dieu seul est mon soleil ; il dirigera tous mes pas et il me donnera la grâce et la gloire. PROV.

Pour être bien nommées, les choses doivent exprimer ce qu'elles figurent. Or, le *Tournesol* est tellement occupé à rechercher les rayons du soleil, que l'opinion populaire lui a conservé, même dans notre langue, son nom grec: *Héliotrope*, qui signifie que cette fleur, naturellement tournée vers l'astre du jour, semble en suivre du regard la course quotidienne; et c'est aussi pour cette raison qu'on lui a souvent donné le nom d'adorateur du soleil.

16

Dans les fêtes religieuses du Pérou, on voyait des jeunes filles, appelées *Vierges-du-Soleil*, portant sur leur tête une couronne d'or imitant le *Tournesol;* elles tenaient aussi une de ces fleurs à la main, et elles en avaient une autre sur la poitrine.

Le *Tournesol* est sans contredit un des plus beaux emblèmes du cœur de Marie, dont toutes les pensées et tous les sentiments ont toujours été exclusivement pour le ciel. Ses yeux ne s'élevaient que vers la cité de Dieu ; sa bouche ne s'ouvrait que pour chanter ses louanges ; ses mains n'étaient occupées que d'œuvres saintes ; son esprit méditait sans cesse les divines Ecritures ; son âme en pénétrait tous les mystères, et son cœur était un foyer d'amour qui la consumait sans relâche. Marie, en un mot, était le véritable *Héliotrope* toujours tourné vers la volonté du ciel, et sa vie entière ne fut qu'un saint apprentissage de charité, pendant lequel elle s'exerçait à aimer Dieu et à le faire aimer éternellement.

CHAPITRE TRENTE-UNIÈME.

LE BOUILLON-BLANC.

Quand la vieillesse suit les voies de la justice, elle est une couronne d'honneur.
PROV.

Parmi les plantes pectorales et les fleurs balsamiques que la nature a si abondamment multipliées, on remarque le *Bouillon-Blanc*. Si la Providence l'a semé avec tant de profusion, même le long de nos chemins, c'est sans doute pour que personne n'ait à se plaindre d'être privé de ses avantages; mais une chose bien singulière, c'est que quelquefois, à la suite d'une sécheresse, lorsque la longue quenouille de cette plante est déjà aride comme un bois mort, et que ses feuilles languissent privées de sève et de vie, on la voit cependant, après une pluie douce, donner encore quelques fleurs aussi fraîches que celles du printemps.

On croit alors revoir cette tige aride de Jessé dont Isaïe avait prophétisé qu'elle reverdirait miraculeusement un jour, pour donner une nouvelle fleur qui ferait la gloire du peuple et la consolation de tout Israël. Vraiment, cette plante qui semble par son âge déjà frappée de stérilité, n'est-ce pas sainte Anne déjà avancée en âge, et qui, cependant, au jour marqué par la miséricorde, pour le salut du monde, devint, contre toute espérance, mère de la Vierge corédemptive, de cette fleur des fleurs que les générations proclameront bienheureuse, parce qu'elle leur aura procuré le salut et la vie?

CHAPITRE TRENTE-DEUXIÈME.

LES MOUSSES.

La vertu est le premier des biens,
même avec la stérilité de tout le reste.
PROV.

Il est assurément bien étrange pour notre amour-propre de recevoir des leçons de choses en apparence aussi indifférentes; mais il est toujours bien agréable pour nous de pouvoir enregistrer un témoignage de plus à l'honneur de la sainte Vierge. Dépositaire inattentive des plus consolantes traditions, la nature possède, jusque sous l'enveloppe grossière des *Mousses*, quelque chose des saintes réalités de la grâce et des amabilités de Marie.

A voir la manière dont se propagent les *Mousses*, ne croirait-on pas que Dieu leur ait dit : Tu pousseras sur l'écorce d'un arbre, ou sur la pierre d'un vieux mur en ruines, et tout ce que l'on essaiera pour te faire prospérer ailleurs ne servira qu'à te faire périr? Mais si telle est l'admirable économie de la Providence à l'égard de plantes aussi communes, que devons-nous penser des soins tout maternels que Marie, protectrice de la jeunesse, prend à nous faire tenir, dans l'ordre intellectuel, le rang que Dieu a assigné à chacun de nous? Si les *Mousses*, ces chétives créatures qui nous semblent inutiles, ont cependant leur place invariablement marquée dans le monde végétal, l'homme, ce roi de la création, n'a-t-il pas aussi sa route toute tracée par où il doit marcher, sous peine de s'égarer pour le reste de sa vie? Les jeunes gens, en particulier, quand ils obéissent à leurs mauvais instincts et qu'ils prennent le chemin du vice, ne doivent-ils pas craindre, qu'une fois dévoyés dans leurs premières démarches, ils ne soient bientôt plus que des êtres déclassés et malheureux au milieu de la société?

Mais par la vertu qu'elles ont de reverdir, après un siècle de sécheresse et de sommeil, les *Mousses* nous font espérer que quand la sainte Vierge a été l'ange de notre vocation, si quelque écart de jeunesse nous éloignait de notre but, ce ne serait que pour un temps. Comme les *Mousses,* qui tout arrachées qu'elles sont, conservent cependant une certaine verdure, combien qui, aux yeux du monde, ont peut-être conservé le nom de vivants, mais qui en réalité sont déjà morts aux yeux de Dieu. N'importe, il y a une jeunesse indépendante de leur naissance et de leur âge, une jeunesse qui consiste dans le renouvellement de leur intérieur.

Aussi, quand nous voyons dépaysées, depuis

des siècles entiers, ces *Mousses* sèches et flétries conserver néanmoins un reste de sève qui reprendrait vie si on les rendait à leur sol natal, nous trouvons en elles l'emblème le plus frappant de ces chrétiens endormis depuis longtemps du sommeil de l'erreur et que l'on croit morts à la foi. Ce spectacle est sans doute bien pénible pour celui qui se sent au cœur quelque amour pour ses frères ; mais si ces pauvres pécheurs, ces flambeaux éteints affectionnent encore le nom de Marie, s'ils l'invoquent encore avec confiance, ou seulement s'ils se montrent respectueux envers elle, pleurons sur eux, et espérons que, baignés de nos larmes, ils reprendront leur ancien éclat. Ce reste de confiance est pour leur âme, comme la respiration est un signe de vie pour leur corps. Attendez ! tous les printemps ne sont pas passés pour les pécheurs ; il en viendra un où ces cœurs amortis et paralysés se montreront aussi bons et aussi généreux qu'ils sont aujourd'hui arides et méchants. A l'exemple des *Mousses*, qui reverdissent sous l'influence d'une douce humectation et d'une bonne température, ils peuvent encore, malgré leurs longs égarements, reverdir à la grâce et revivre pour le bonheur.

Qui que vous soyez, gardez-en la douce espérance. Fussiez-vous pauvre à n'avoir plus de pain, riche à ne pouvoir plus former une fantaisie, bourrelé de remords à ne plus goûter de repos, votre cœur fût-il depuis long-temps desséché par le vent brûlant des passions, espérez encore! Ces dégoûts, ces remords que vous éprouvez, c'est la miséricorde de Marie, déguisée sous les traits de la justice divine, qui vous poursuit et qui voudrait vous voir renaître à la vertu. Avec une telle protection, le ciel de la grâce peut encore se rouvrir pour vous. Combien de pécheurs qui paraissaient irrévocablement fixés dans le désordre, et que la protection de Marie en a retirés! Combien de cœurs rebelles à la voix de Dieu se sont assouplis sous la puissance maternelle de Marie, qui les a sauvés de la réprobation! Son cœur est si riche d'affection et d'indulgence, que, malgré vos déportements, elle voit toujours en vous son enfant; et, vous le savez, l'amour d'une mère est le seul amour que rien n'efface, pas même la honte. Quand un malheureux prodigue, loin de la maison paternelle, déshérité d'honneur, couvert de mépris, flétri peut-être par des indélicatesses, jette un regard sur son passé, il voit encore l'amour de Marie planer sur lui comme la protection d'un ange; il la voit humiliée, pénitente des méfaits de son propre fils; mais il retrouve en elle tout ce qui peut sauver : le cœur d'une mère dont il peut encore être aimé.

Pauvres *Mousses* amorties, quoique vous vous soyez obstinées jusqu'à ce jour à résister aux insinuations de la grâce, si la divine étincelle de votre première confiance en Marie n'a pas complètement péri sous les décombres de vos désordres, on peut concevoir les meilleures espérances sur votre salut, parce qu'il vous est encore possible de reverdir et de faire revivre tant de belles années perdues ; on ne pourra plus, il est vrai, vous appeler des anges, mais vous pouvez encore redevenir des Madeleine au grand amour. Rallumez donc au fond de votre cœur ce feu sacré qui n'aurait jamais dû s'éteindre; et dès que Marie verra tomber de vos yeux une larme de repentir, elle oubliera vos ingratitudes passées, et elle ne se sentira pressée que par le désir de vous protéger, de vous bénir et de vous obtenir le bienfait de la renaissance. Les méchants eux-mêmes, qui admirent la vertu comme une plante exotique apportée du séjour de l'innocence, quand ils vous verront rendues à la vie, proclameront l'empire de la sainte Vierge sur les cœurs; ils aimeront à se rappeler les beaux jours de leur innocence, ils regretteront peut-être les joies de leur jeunesse, et c'est alors que le souffle vivifiant de la protection de Marie les fera reverdir aussi pour la vertu, pour le bonheur et pour le ciel.

CHAPITRE TRENTE-TROISIÈME.

LA VIGNE.

N'oubliez pas les douleurs et les larmes de votre mère.

ECCL.

Qu'elles sont abondantes les larmes de la *Vigne* quand on la dépouille de ces vigoureux ceps qu'elle a eu tant de peine à produire ! Non ; des jours et des nuits entières de pleurs ne paient pas cette bonne mère de l'amour auquel elle a des droits si légitimes, en retour du sien. On dirait une mère qui trouve précisément la cause de ses chagrins et de ses larmes dans la tendresse qu'elle a pour ses enfants indociles qui veulent s'éloigner d'elle. Comme la *Vigne*, cette mère malheureuse ne redevient radieuse d'espérance et de bonheur que lorsque sa parure et ses gloires lui seront rendues.

Hélas! combien peu de mères ignorent aujourd'hui ce genre d'affliction! Trop nombreuses, sans doute, celles qui ont à pleurer sur un fils que ses déportements ont jeté loin d'elles, sur le chemin du vice! Les plus sublimes amours sont ceux qui ont le plus d'amertumes à subir, le plus de douleurs à supporter. Notre cœur est ainsi fait : les affections nées au sein des larmes sont les plus durables; nous aimons davantage ce que nous avons acheté plus chèrement. Semblables à la *Vigne* en pleurs, ces mères malheureuses ne veulent point recevoir de consolations parce que ce fils n'est plus; ce fils qu'elles ont trop aimé a été perdu pour elles, dès le jour où il a secoué le joug de leur autorité, pour pouvoir souscrire sans gêne au délire de ses mauvais penchants. Pleurez donc, mères chrétiennes ! vos larmes sont bien légitimes ; mais espérez en Marie, qui, elle aussi, a pleuré son unique, son bien-aimé, pendant cette douloureuse absence où elle le croyait perdu dans Jérusalem. Jusqu'à ce jour, vos larmes ont peut-être trouvé le ciel inexorable ; mais ces désolations, que votre amour seul peut comprendre, auront un terme. Cet enfant de votre joie, qui est aujourd'hui l'enfant de vos douleurs, vous sera rendu comme Jésus fut rendu à Marie. Comme elle, espérez : espérez avec elle ; surtout si c'est au temple que vous avez conduit les premiers pas de votre fils, c'est au temple aussi que votre amour le retrouvera. C'est là que se rencontreront enfin, pour votre bonheur mutuel, et la mère désolée et l'enfant repentant.

CHAPITRE TRENTE-QUATRIÈME.

LA VIGNE VIERGE.

C'est ainsi que doivent se parer les saintes femmes qui espèrent en Dieu.
S. P.

Il n'est pas rare de voir, au sein de certaines forêts tranquilles, des arbres séculaires tout couverts de lichens fibreux et flottants qui descendent de leurs branches jusqu'à terre. Groupés dans le fond d'un vallon ou sur les bords des fleuves, ils se dessinent majestueusement avec leurs longues barbes grises, dont l'image se reflète dans le miroir des eaux; ces vieux arbres ont assez souvent à côté d'eux quelques plantes amies qui cherchent la fraîcheur de leur voisinage et qui semblent même ne pouvoir vivre qu'avec l'appui tutélaire de leur tronc et de leurs branches. Semblables à de grands seigneurs qui ont toujours reçu leurs amis à bras ouverts, ces patriarches des forêts obtiennent souvent, dans leur vieillesse, la récompense de leur noble et généreuse hospitalité. A défaut de tout ce que la nature refuse déjà à leur grand âge, on voit d'autres plantes plus jeunes venir les couvrir de leurs fleurs et les rajeunir de leur feuillage.

Ainsi avez-vous vu la *Vigne vierge* qui joint ses mains priantes et qui étend ses longs doigts pour se marier d'une union toute sororale aux branches robustes d'un vieux et stérile *Ormeau*. Dès que l'automne arrive, la *Vigne vierge*, par son feuillage pourpré, semble vouloir fixer sur ce vénérable protecteur les derniers rayons du soleil mourant. Et quand la mort aura frappé celui qu'elle a tant aimé et qu'elle pleure déjà, la *Vigne vierge*, par reconnaissance, en fera encore l'honneur de la forêt, en le décorant de guirlandes de fleurs et de festons de pampres toujours verts.

Ne croirait-on pas voir le saint patriarche Joseph protégeant de son autorité et de la sagesse de son expérience la jeune vierge Marie? Plein de respect pour cette angélique épouse et pour le fruit béni de ses entrailles, il est heureux de pouvoir consacrer sa vie et ses labeurs à protéger ces deux grandes existences, dont il reçoit lui-même tant de bonheur et tant de gloire A qui saint Joseph doit-il encore aujourd'hui les honneurs que l'univers lui rend avec une si douce confiance, si ce n'est à la grâce qu'il a eue de pouvoir seconder les vues de Dieu dans les priviléges de Marie, et de cacher à l'enfer les projets de la miséricorde divine sur le salut de l'humanité?

CHAPITRE TRENTE-CINQUIÈME.

L'OLIVIER.

> Je suis comme l'Olivier qui porte des fruits de paix et de douceur dans la maison de Dieu.
>
> Ps.

Si l'*Olivier* jouit de nos jours d'une réputation si belle et si pure, même dans les régions où il ne peut pas vivre, ce n'est assurément pas à la beauté de son tronc noueux, ni à son ombrage sans fraîcheur, ni à l'aspect assez triste de ses feuilles glauques qu'il la doit, mais plutôt à l'huile précieuse que l'on tire de ses fruits.

L'*Olivier* est surtout un des arbres dont le

nom a été le plus solennellement consigné dans l'Ecriture sainte ; il est même monumental par les grands souvenirs bibliques qu'il rappelle. Plusieurs fois il a fourni aux auteurs sacrés des comparaisons pour peindre ces charmantes scènes de famille toutes embaumées de la candeur des mœurs patriarchales.

Chacun sait aussi que c'est un rameau d'*Olivier* vert que la colombe de Noé rapporta à son bec en témoignage de bonne espérance, pendant que les eaux du déluge couvraient encore la surface de la terre. Ce fut pour ce patriarche le signal du calme après l'orage, comme ce fut pour le monde l'assurance du pardon après la justice.

Aussi les mythologues ont-ils souvent parlé de l'*Olivier* comme d'un arbre si agréable à la divinité que son bois était interdit dans les usages profanes, et qu'il ne devait être brûlé que par le feu du sacrifice. Chez les grands peuples de l'antiquité païenne, il suffisait que les vaincus présentassent aux vainqueurs des rameaux d'*Olivier* pour que le combat cessât et que la paix succédât aux horreurs de la guerre. Si l'on avait une grâce à implorer, on restait alors persuadé que l'on avait un intercesseur de plus pour l'obtenir, quand on la demandait, une branche d'*Olivier* à la main. Il était donc bien naturel que cet arbre devînt le symbole de la paix et de la miséricorde.

Mais si la loi figurative a eu de si riches emblèmes de bonheur, de paix et d'espérance, la loi nouvelle, beaucoup plus riche, a dû en posséder la réalité. Où est donc le véritable *Olivier* de la loi d'amour?

Plusieurs fois les prophètes, saisis d'un saint tremblement à la vue de tous les crimes de ce monde, se sont plaint qu'il n'y eût personne pour apaiser la colère de Dieu; mais depuis que Marie, messagère de la paix, a apporté au monde l'*Olive* de l'espérance et l'huile de la miséricorde, leurs accents plaintifs se sont rarement fait entendre. C'est que l'indignation du ciel a été plus facile à calmer. La douce influence de cette colombe pacificatrice nous a mérité le bienfait et les avantages de cette paix chrétienne que le vieux monde ne connaissait pas encore.

Evidemment, il y a peu d'arbres aussi utiles que l'*Olivier*, peu dont le produit soit d'un usage aussi universel. Aussi, sous quelque rapport qu'on le considère, il est le plus consolant emblème de la bienheureuse Marie. Greffées sur cet *Olivier* franc de la grâce, les femmes vertueuses tiennent manifestement la première place dans les bénédictions du ciel parce qu'elles ont aujourd'hui une plus grande part dans le bien qui se fait sur la terre. Ce sont les douces séductions de leur piété qui contribuent le plus puissamment parmi nous à l'édification du temple moral. Il y a sur les lèvres de la femme vertueuse une grâce de douceur et une onction plus entraînante que les plus fortes exhortations.

Combien de cœurs pervers sont journellement gagnés par cette douce violence de la vertu qui les pénètre comme l'huile adoucissante de l'*Olivier*, disons mieux, comme un mystère de sagesse dont ils ne soupçonnaient pas l'invisible majesté ! C'est pour cela que Dieu a donné aux femmes comme à Marie, leur modèle, des manières si prévenantes, une voix si douce, un regard si affectueux , une âme si sensible et surtout un cœur si compatissant.

Félicitez-vous donc, femmes chrétiennes, avec un noble orgueil, de ce qu'une créature choisie dans vos rangs a apporté au monde le véritable *Olivier;* montrez-vous les dignes sœurs de cette femme forte qui a versé sur votre sexe tant de gloire et tant de splendeur; portez fièrement à votre main le rameau de la paix; que le fruit de vos lèvres soit toujours plein de l'huile de la compassion; c'est ainsi que vous continuerez en ce monde l'œuvre de mansuétude qui est votre apanage, et que vous contribuerez au triomphe de la paix dans tous les cœurs.

CHAPITRE TRENTE-SIXIÈME.

L'ORANGER.

Beaucoup de vierges ont amassé des richesses, mais la femme vertueuse les a toutes surpassées.

PROV.

L'admiration pour l'*Oranger* s'est perpétuée jusqu'à nous de génération en génération, sans rien perdre de l'espèce de culte que les peuples de l'antiquité lui rendaient.

La beauté de la fleur d'*Oranger*, et surtout la candeur de ses boutons blancs, jointe à la suavité de son parfum, en a fait de tout temps l'emblème de la virginité. Le rose tendre que l'on aperçoit dans le calice de cette fleur, et même sur quelques-unes de ses corolles, explique l'étonnement et la sainte frayeur que les naïves pensées de l'adolescence donnent à une âme pure et candide. On croirait apercevoir la couleur légère que les premiers sentiments de la nature impriment sur un front chaste et innocent : c'est le seul fard dont la vertu puisse emprunter le secours.

Le bouquet d'*Oranger* accompagne la jeune fiancée à l'autel du mariage ; c'est aussi la même fleur qui fait l'ornement de la jeune vierge au beau jour de sa consécration religieuse, et qui la suit encore à la sombre solennité du tombeau. En Pologne, lorsque le convoi funèbre d'un enfant passe dans les rues, au lieu de larmes de compassion, ce sont des fleurs et surtout des fleurs d'*Oranger* qui pleuvent, du haut des fenêtres, sur le cercueil de cet enfant. Quel plus beau témoignage de douloureuse sympathie pourrait-on donner à une famille désolée ! Où trouver une expression plus sentimentale des regrets que les jeunes gens emportent en mourant et des consolations que leur innocence laisse à ceux qui les pleurent ?

Si l'*Oranger* met un an entier à mûrir ses fruits, ce n'est cependant pas un retard pour sa fécondité ; car chaque année, cet arbre, avant de perdre ses anciennes feuilles, se couvre tout à la fois de nouvelles feuilles vertes, de fleurs abondantes, de jeunes fruits naissants et même de fruits mûrs. Aussi l'instinct des peuples a-t-il toujours été assez clairvoyant pour trouver dans l'*Oranger* les plus nobles qualifications figuratives; c'est pour cela, par exemple, qu'au jour de leur mariage les époux choisissent de préférence la fleur d'*Oranger* pour exprimer l'espérance qu'ils ont de voir la jeunesse, la beauté, la vertu, et la fécondité réunies ensemble, et embellir le bonheur de leur vie, sans laisser vieillir leur affection.

Mais comme l'ombre n'existe que parce qu'elle est une obscure manifestation de la lumière voisine, nous devons reconnaître que tous ces magnifiques emblèmes de l'*Oranger* n'ont de véritable explication que dans le christianisme, par la présence de la divine Marie, toujours vierge, toujours chargée de fleurs, même après avoir donné au monde le fruit béni de son sein. C'est elle qui est le véritable *Oranger* dont les branches portent à la fois des fleurs d'espérance, des feuilles de bonne volonté, des fruits d'encouragement et des bénédictions pour récompense, c'est-à-dire tous les moyens de salut et toutes les consolations que la religion nous offre, et dont la sainte Vierge est tout à la fois la trésorière, la dispensatrice et la gardienne.

CHAPITRE TRENTE-SEPTIÈME.

LES MYOSOTIS.

> Souvenez-vous de ceux qui souffrent, comme si vous étiez vous-même dans la souffrance. S. P.

Dans les premiers siècles de l'Eglise, dans ces temps de ferveur, il n'était pas rare de voir de pieuses bergères occuper tous les loisirs que leur laissait la garde de leurs troupeaux, à choisir dans la prairie, ou à l'ombre des forêts, les plus belles fleurs qu'elles rencontraient, pour tresser, en l'honneur de Marie, des couronnes qu'elles allaient ensuite déposer dans quelque sanctuaire du voisinage; mais la fleur qui plaisait le plus à leur gracieuse patronne, c'était les *Myosotis*, vulgairement appelés : *Plus je vous vois, plus je vous aime.*

Ces fleurs d'un bleu si tendre étaient pour elles les *Yeux-de-Marie*, dont elles ambitionnaient le regard; elles n'auraient pas voulu porter une couronne ou une guirlande à l'autel de la Vierge, sans que les *Myosotis* ou *Yeux-de-Marie* en eussent fait les principaux frais; c'était ces fleurs champêtres, simples comme la main qui les avait cueillies, que ces pauvres bergères prenaient pour interprètes de leurs sentiments et qu'elles chargeaient d'aller dire à la sainte Vierge que *plus elles la voyaient, plus aussi elles l'aimaient;* et que plus elles connaissaient ses divines perfections, plus aussi elles l'invoquaient avec confiance.

Mais ces charmantes petites fleurs, plus éloquentes que les plus beaux yeux bleus, semblaient à leur tour faire écho dans le cœur de ces anges terrestres, et leur répondre affectueusement, de la part de Marie, que plus elles seraient fidèles à imiter ses vertus, plus aussi Marie, de son côté, serait disposée à avoir toujours ouverts sur elles les *Yeux* de sa douce et maternelle protection.

Ces pauvres bergères lisaient tout cela dans les *Yeux-de-Marie,* dans les *Myosotis;* et Marie toujours attentive à la prière des humbles, répondait à leur confiance par des récompenses d'encouragement qui leur donnaient la certitude que leur offrande avait été agréée.

Dans la langue allemande, les *Myosotis* ont aussi un nom populaire qui n'est pas moins expressif que dans la nôtre; il signifie *Souvenez-vous de moi.* Ce seul mot : *Souvenez-vous* est si puissant sur les cœurs affectueux, que nous ne devons pas être étonnés que la religion ait consacré cette forme de supplication pour en faire une de ses plus belles prières à l'honneur de la sainte Vierge.

Le *Souvenez-vous,* ou *Memorare,* est en effet aujourd'hui dans l'Eglise une des prières les plus riches en prodiges de miséricorde et de salut ; c'est celle que l'on trouve partout, dans tous les cœurs et sur toutes les lèvres. La joie et l'angoisse, le désir et la reconnaissance, l'enfance et l'âge mûr, l'innocence et le repentir trouvent chacun leur consolation à pousser ce cri de confiance vers Marie : *Souvenez-vous de moi!* (*Wergiss mein nicht, Maria!*)

Quelle force d'éloquence les *Myosotis* ou *Souvenez-vous* ne doivent-ils pas avoir, quand c'est notre piété qui les charge de parler pour nous à cette Vierge toute-puissante dont les yeux sont si attentifs à nos besoins, et dont le cœur est toujours si bien disposé à écouter favorablement les moindres soupirs de notre âme?... Ingrats!... si à l'avenir nous rencontrons ces belles petites fleurs sans faire hommage à Marie des sentiments qu'elles expriment, et sans les prier d'être nos interprètes auprès d'elle ! *Memorare, Maria !*

CHAPITRE TRENTE-HUITIÈME.

LA VIOLETTE.

> Quoique la vie de l'homme humble soit bien courte, elle est cependant toujours remplie.
>
> PROV.

Acceptons franchement tout ce qui est beau, tout ce qui prie, tout ce qui glorifie Dieu; permettez donc qu'un de nos derniers regards soit pour la bienfaisante *Violette;* et ne nous séparons pas de toutes ces plantes amies, sans avoir donné à cette modeste fleur une marque de notre vive et religieuse sympathie.

Il est peu de fleurs qui soit plus généralement et surtout plus gracieusement accueillie que la *Violette ;* peu qui ait attiré plus souvent les regards, malgré son humble attitude, ou qui ait inspiré aux poètes des chants plus harmonieux ; cette amante des gazons cherche la solitude, elle se cache sous l'herbe naissante ; mais ses suaves effluves la décèlent déjà, alors que l'œil ne la voit pas encore. Ses vapeurs odoriférantes la trahissent, sans pour cela la garantir toujours du pied des passants.

On dirait qu'en faisant du bien, la *Violette* craigne la reconnaissance de ceux qui jouissent de ses bienfaits. Sa modestie naturelle et son encens mystérieux sont une sublime expression de l'humilité de Marie, qui fut elle-même trop souvent victime de la haine des Juifs, et qui, malgré sa vie si riche en vertus et en mérites, ne voulut jamais prendre d'autre titre que celui d'humble servante du Seigneur, *Ancilla Domini.* Admirable modèle pour toutes ces vierges chrétiennes qui désirent marcher sur les traces de leur Reine, et qui doivent pratiquer l'humilité, malgré la jalousie des méchants qui s'obstinent à ignorer le mérite de cette vertu, ou qui la poursuivent de leurs mépris au moment où elle ne cherche qu'à leur faire du bien.

Si maintenant nous cherchons à connaître en particulier les préférences de cette humble fleur, et que nous écoutions son dernier mot, c'est encore son humilité qui le lui inspire.

Pauvre petite *Violette,* que désires-tu ? Voudrais-tu être un *Hortensia*? Oh non ! assurément non ! l'*Hortensia* n'a qu'une beauté d'apparat et de convention; semblable à une coquette qui voudrait consumer en colifichets toutes les ressources du ménage, l'*Hortensia* cache ses feuilles dentelées sous un fatras de fleurs inodores qui fascinent les yeux sans gagner les cœurs. Voudrais-tu être une *Tulipe?* Non ! la Tulipe est sans parfum; elle est, du reste, si bizarre dans ses couleurs, qu'elle inspire des caprices et qu'elle fait souvent faire des folies à ceux qui se passionnent pour elle. Voudrais-tu être un *Dahlia?* Pas davantage! le Dahlia est trop inconstant; il aime tant la nouveauté, que bientôt il ne ressemblera plus à lui-même; et puis il tient trop de place. Voudrais-tu être un *Lis?* Non! le Lis est plus beau et plus majestueux que moi, mais il est trop sujet aux injures de l'orage. D'ailleurs, la vérité aussi est belle, si l'on veut, mais belle à voir de loin; c'est pour cela que le *Lis*, qui en est l'emblème, est toujours, malgré sa beauté, relégué dans quelque angle du parterre, et qu'on ne l'aperçoit jamais dans le salon des riches. Voudrais-tu être une *Rose?* Non! la Rose est plus somptueuse, plus opulente que moi, sans doute; mais elle a des épines. Mais la *Pensée* n'a aucun de ces embarras et elle ne court aucun de ces dangers; n'importe! Si les *Pensées* sont le partage des cœurs bons, elles sont aussi trop souvent celui des cœurs pervers. — Ne m'offrez donc rien; car si j'avais à choisir, je voudrais encore être ce que je suis : une humble et petite *Violette*. Ma vie n'est que d'un jour; mais c'est assez en ce monde. Dans ce jour, je fais un peu de bien, j'en présage pour le lendemain, et, après moi, ma vie ne pèsera sur aucune de mes feuilles.

Aussi, de toutes les belles fleurs qui ornent cet univers, celles que le maître de la nature aime le plus à multiplier, ce sont les *Violettes*. Comme dans le riche vallon de l'Eglise, les fleurs que la sainte Vierge aime d'une plus tendre prédilection sont aussi ces âmes virginales qui édifient toujours par l'humble simplicité dans laquelle elles vivent. Nulle part on ne trouve autant de véritable gloire et autant d'utilité que dans leur abnégation volontaire; anéanties aux yeux du monde qui les méconnaît, c'est cependant leur ministère que Dieu choisit souvent, pour porter ses bénédictions à son peuple, par l'odeur des vertus les plus héroïques qu'elles pratiquent dans la retraite et l'humiliation. C'est à ces anges de la terre que la sainte Vierge redit elle-même ces paroles qu'elle reçut un jour de la part de Dieu : *Benedicta tu in mulieribus;* vous êtes les fleurs bénies entre toutes les autres fleurs. Croissez donc, belles et modestes plantes de mon parterre : *Florete flores, date odorem et frondete in gratiam;* épanouissez-vous dans la joie de votre âme; répandez au loin le parfum de votre piété, et rendez gloire à Dieu des grâces qu'il vous a faites! Comme les *Violettes,* vous touchez à la terre par votre humilité, mais vous vivez de la rosée du ciel par votre fidèle correspondance à ses grâces. Faites donc en ce monde tout le bien que vous pourrez. Un jour viendra où votre faiblesse et vos humiliations recevront la gloire et le bonheur, infaillible et éternelle récompense de vos vertus!

CHAPITRE TRENTE-NEUVIÈME.

LES TUBERCULES.

> Semblable à un grain, le corps de l'homme est déposé dans le sein de la terre pour revivre un jour.
>
> S. P.

1° En échauffant la terre, le printemps a réveillé nos espérances par le mouvement de germination que nous avons vu se reproduire dans les prairies; la campagne alors riait de toute part et nous ne pouvions mieux la caractériser qu'en disant qu'elle était joyeuse comme un enfant.

Ensuite, le soleil vivifiant de l'été, fier de son

inépuisable fécondité, est venu développer les dons du ciel et rendre à la nature toutes ses richesses.

L'automne aussi a eu ses innombrables merveilles, qui, pour avoir été tardives, n'en ont pas moins célébré la gloire de la sainte Vierge, comme les fleurs hâtives du printemps. Partout la nature, bonne et compatissante, comme si elle eût voulu nous consoler des douleurs de l'exil, s'est empressée de se montrer souriante et libérale des plus agréables profusions.

Nous voici au cœur de l'hiver; tout est glacé, tout semble gémir sous l'empire de la mort. Pour les fleurs c'est un état de torpeur et de souffrance, et pour la nature entière c'est une véritable dépopulation. Nous aurions pu saisir à leur passage, chacune dans la saison qui l'a vu naître, ces belles variétés de *Tulipes*, de *Jacinthes*, de *Renoncules*, de *Narcisses*, de *Jonquilles* et de tant d'autres plantes que l'on a dû relever de terre pour leur conserver leur beauté naturelle. Nous aurions pu alors nous extasier d'admiration devant la richesse de leur éclatante parure. Hélas! aujourd'hui, ce ne sont plus que des caïeux, des ognons, des bulbes, des racines desséchées qui ne nous offrent que l'aspect désolé du sommeil et de la mort.

Mais si ces *Tubercules* ne disent plus rien à nos yeux, leur silence léthargique n'a-t-il pas encore quelques accents d'espérance pour notre cœur?

2° Sous l'enveloppe grossière et terreuse qui recouvre ces informes débris de nos plus belles plantes, l'ignorance pourrait peut-être les mépriser; mais nous qui savons que, dociles à la voix de leur Créateur, ils doivent bientôt se réveiller et reverdir, nous trouvons dans leur sommeil et dans leur état de transition, l'image frappante des hautes destinées de la nature humaine.

Pour l'homme comme pour les fleurs, sortir de terre et y rentrer, c'est-à-dire naître, vivre quelques instants, et mourir pour revivre un jour, telle est la condition générale et irrévocable de l'humanité. Chacun de nous ayant le passé à réparer, le présent pour combattre, et l'avenir à mériter, ne demandons au passé que l'oubli, au présent la compassion, et à l'avenir la renaissance. Si l'épreuve du passage est humiliante pour nous, elle n'est que momentanée; mais elle est nécessaire pour arriver plus beaux et plus parfaits à la saison glorieuse de l'immortalité.

3° Dans ces bulbes, dans ces caïeux endormis, montrez-nous la tige qui doit en sortir, montrez-nous la fleur qui doit nous récréer et les fruits que nous pourrons manger un jour. Ils y sont cependant; un peu de temps, un peu de rosée et de soleil, et vous verrez ces heureux germes céder à la force d'une mystérieuse résurrection, percer l'écorce qui les recouvre et se montrer à l'espérance du jardinier sous des formes plus précises de fécondité et d'opulence; mais au lieu d'arrêter nos regards à la stérile contemplation de ces racines informes et de ces surfaces mortifiées, soulevons avec respect le voile de ces charmants emblèmes, sous lesquels les destinées de Marie sont restées cachées pour le vieux monde, et nous aurons la consolation de reconnaître en elle, comme dans un foyer illuminateur, la véritable racine du salut universel, par la naissance qu'elle a donnée au divin Rédempteur. Plantée d'abord au milieu de nous, et cultivée de la main de Dieu même, cette tige précieuse, cette gloire de notre humanité a dû passer par les épreuves de la terre, et même par la mort avant d'arriver au triomphe de la vie. L'immobilité, cette indéfinissable physionomie du trépas, s'est en effet déclarée pour la sainte Vierge comme pour le reste des mortels; mais son dernier soupir a eu toute la majesté d'une victoire. On put même remarquer alors à certains signes prodigieux que la mort hésitait à planter sa bannière sur ce trophée qu'elle ne devait conserver que quelques jours. Non, la mère de la vie ne devait pas être abandonnée à la tombe comme une proie. Aussi ne lui a-t-elle été confiée que comme un dépôt. Elle en est sortie victorieuse par son Assomption. Dès lors, ce n'est plus la terre seulement qui se glorifie d'avoir possédé quelque temps ce divin tubercule; c'est le ciel qui propose aujourd'hui la sainte Vierge à notre vénération et à celle de tous les saints, comme étant la Reine des fleurs à jamais resplendissante dans les vallées éternelles. Quelle ravissante étincelle d'espérance pour notre humanité, et où trouverons-nous des hiéroglyphes de mort passagère et de résurrection future plus mystérieux et plus consolants que dans toutes ces plantes, qui figurent le séjour, au milieu de nous, de Marie notre sœur, aujourd'hui notre souveraine?

CHAPITRE QUARANTIÈME.

L'IMMORTELLE.

> Il est un héritage où rien ne peut se détruire et où notre corps mortel sera revêtu d'immortalité.
>
> S. P.

Couronnons notre bouquet à Marie par l'*Immortelle*.

A la vue et au beau nom de cette fleur, quelle foule de sentiments vient s'emparer de notre âme, et quel serait le cœur assez indifférent pour refuser son attention à l'éloquence de son langage? Inaltérable dans ses formes comme dans sa couleur d'or, l'*Immortelle*, quoique séparée de sa tige, brille encore longtemps sans se faner, aussi belle qu'au jour du triomphe de sa floraison.

On conçoit par là que l'*Immortelle* ait toujours été l'emblème de la sincère amitié; mais elle est aussi le symbole des grandes créations que le génie des hommes tient à immortaliser sur la terre.

Sans parler du départ suprême et de la séparation inévitable par la mort, que de causes qui rompent ici-bas nos liens même avec les vivants! Mille choses arrivent que l'on ne peut plus se confier; mille circonstances empêchent de correspondre; peu à peu d'autres amitiés se forment; des deux côtés l'oubli se fait; on s'écrit moins, on ne s'écrit plus; on finit réciproquement par perdre le souvenir de ceux que l'on a aimés. C'est bien une mort; et ce qu'il y a de plus triste, c'est que notre cœur est précisément la tombe qui dévore tous ces morts: tel est le partage trop fréquent de notre condition, même entre les cœurs vivant encore sur cette terre. Que Dieu soit donc béni de nous avoir rappelé le souvenir des absents par une fleur !

L'*Immortelle* sert également de couronne funéraire pour orner les tombeaux ; et, par là, elle rend respectable à la postérité le souvenir des morts que nous avons pleuré si amèrement au jour de la séparation. Avec quel enthousiasme de douce et mélancolique tendresse le souvenir des morts ne se ranime-t-il pas à la vue de l'*Immortelle*, qui nous fait espérer que nous les reverrons un jour !

Mais à qui tous ces beaux emblèmes peuvent-ils être plus convenablement appliqués qu'à l'*Immortelle Marie*, dont la gloire remonte jusqu'au-delà des siècles, et dont les triomphes passés garantissent encore les triomphes futurs ?

Marie, cette fleur *immortelle* cueillie par la main des anges comme on cueille une rose délicate que l'on tient à conserver dans toute sa fraîcheur, passe, il est vrai, par la mort ; mais ce n'est pas la punition du péché qu'elle subit, c'est un repos qu'elle prend, c'est un sommeil passager auquel elle cède.

Ayant donné au monde le fruit de sa tige *immortelle*, cette fleur de bénédictions a séjourné assez long-temps dans notre désert; elle va reverdir pour le ciel. Le moment où elle semble tomber dans les bras de la mort est le commencement du triomphe immortel que son amour lui obtient. Rien sur la terre qu'elle quitte ne l'afflige; rien dans l'avenir ne l'effraie; sa mort est une traversée qui n'a rien de triste à prévoir, rien de douloureux à subir, et qui n'aura rien que de glorifiant dans ses conséquences.

Le prince des ténèbres lui-même a reconnu en Marie l'*Immortelle* triomphatrice, à laquelle les siècles du temps et les siècles de l'éternité rendront hommage. Il y a bientôt deux mille ans que Marie prophétisait elle-même l'*immortalité* de sa gloire; aujourd'hui, la gloire de Marie remplit déjà tout l'univers, et elle durera autant que le ciel des cieux.

CONCLUSION.

Celui qui plante et celui qui arrose ne sont rien ; mais Dieu qui donne l'accroissement est tout.

I Cor.

I

Arrêtons-nous, dans la crainte d'affaiblir la hauteur des mystères de confiance et d'amour dont nous avons voulu parler. Nous n'avons fait que signaler le sens mystérieux de quelques fleurs aux méditations, ou plutôt au simple bon sens de ceux qui aiment à réfléchir, et nous espérons que cela leur servira de clef pour l'intelligence de tant d'autres sublimes harmonies, sur lesquelles les bornes de cet opuscule nous ont forcé de garder le silence.

A la vue de tant de merveilles qui, chaque matin, devancent le lever du soleil pour faire la parure de la terre, l'homme du monde se contentera peut-être de jouir du délicieux tableau d'un beau jardin; il respirera volontiers les parfums dont l'air est tout embaumé, et il se promènera agréablement dans une prairie émaillée de fleurs; il y verra peut-être l'habit de fête dont la nature se pare avec orgueil, et il croira se trouver en un jour de frairie où la population entière est en belle humeur.

Mais l'âme chrétienne, pour qui le monde de la grâce est tout, éprouve le besoin d'incliner son cœur et son intelligence vers celui qui, en faisant les fleurs si belles, lui présente dans chacune d'elles, autant de perspectives enchanteresses de la divine miséricorde.

De même que l'on distingue, dans l'ensemble d'une symphonie nombreuse, chaque instrument particulier dont les sons divers forment entre eux un concert parfait, ainsi pourrons-nous à l'avenir distinguer dans les fleurs, tantôt leur amour pour la solitude ou leur goût pour la vie de société, tantôt la délicatesse et la simplicité des unes ou l'éclat et la majesté des autres; le charmant feuillage de celles-ci, les fruits encore plus beaux de celles-là; et en mêlant ainsi la beauté sans parfum de quelques fleurs au mérite plus communicatif d'autres moins apparentes, il se fera alors dans notre esprit une fusion de charmes réciproques dont la piété sait tirer des accords de sentiments qui ont fait battre plus d'un cœur, et qui ont arraché des larmes à des yeux moins habitués à pleurer que les nôtres. La foi vive d'une âme chrétienne prend un plaisir sensible à écouter le langage que ces éloquentes créatures lui adressent; elle est heureuse de mêler sa joie à leur joie, et elle se sent aidée, par l'expression de tant d'harmonies, à traduire l'hymne de son adoration et de sa reconnaissance; c'est alors qu'elle laisse échapper le cri de son amour : « Couleurs sédui-

» santes, port majestueux, légers parfums,
» élégants contours, formes inimitables, reflets
» de contrastes qui fraternisez si bien ensemble,
» vous êtes assurément, pour la nature, un
» ornement plus éblouissant et plus magnifique
» que n'en eut jamais Salomon dans sa plus
» grande splendeur. Aimables créatures, fleurs
» saintes, vous êtes les œuvres de Dieu;
» apprenez-nous donc à le bénir, et parlez-nous
» toujours de cette même voix dont vous savez
» charmer les saints. »

II

Quel plus beau sujet de contemplation et quel plus heureux délassement, que celui qui nous ouvre ainsi une source féconde en jouissances intellectuelles et en plaisirs aussi variés qu'ils sont puissants sur la moralité de notre cœur! Quel est donc celui d'entre nous qui, en contemplant le beau spectacle de la nature végétale, ne puisse rentrer en lui-même et se dire sérieusement :

Je ne suis pas riche, mais je ne suis pas pauvre. Comment ai-je profité de la modeste aisance que la Providence m'a donnée? Comment ai-je partagé mon bonheur avec mes semblables? Comment ai-je accepté les maux inséparables de ma condition? L'humble fleur des champs livre sa beauté à tous les regards; elle donne à tous les vents ses parfums; elle ne se montre pas seulement à ceux qui lui plaisent; elle ne se cache pas quand c'est le vent du désert qui souffle; elle n'envie point la parure des autres fleurs plus belles, et elle ne jalouse point le jardin plus favorable où ses sœurs sont placées. Sur le bord d'un chemin, dans la poussière, sous les buissons, dans les grandes herbes de la prairie, partout où Dieu l'a mise, elle croît, elle s'épanouit, elle est contente et elle ne demande pas un destin plus magnifique.

Par quel prodige, Nous, chrétiens inondés des faveurs et des lumières de la vérité, restons-nous indifférents au spectacle de tant de merveilles que Dieu a semées sous nos pas? Combien parmi nous marchent en stoïques ou en aveugles au milieu de toutes ces magnificences, et qui ne pensent pas même à appeler le médecin qui pourrait leur enlever la cataracte et les faire voir? Quand nous les trouvons insensibles à tant de charmes, ou que nous les voyons maltraiter dédaigneusement les fleurs, nous avons vraiment peur que la pitié et la bienfaisance n'aient plus d'écho dans leur âme, et que leur cœur ne soit désormais fermé à la plainte du malheur. Nous serions alors bien tentés de croire qu'il leur manque un sens. Pourquoi, en effet, briser une fleur destinée peut-être à consoler quelque infortuné qui marche derrière nous, tout préoccupé de ses chagrins? Dieu attache souvent de si grandes grâces à des circonstances ordinaires, qu'il doit nous être doux de laisser vivre les innocentes choses auxquelles il lui a plu de donner la vie.

III

Sans doute il est des fleurs qui, pour avoir grandi sans culture, n'en sont pas moins admirables dans leur élégante simplicité; elles nous rappellent alors les bons instincts qui sont naturels à notre âme; mais aussi combien d'autres fleurs réclament les soins les plus intelligents et les plus assidus, pour pouvoir arriver à toute leur splendeur? Si l'on veut avoir de belles fleurs, il faut les cultiver, il faut les arroser et les garantir des herbes nuisibles, des plantes folles, des insectes malfaisants ou du pied des animaux. Le terrain le plus riche, lorsqu'il n'est pas cultivé, n'offre souvent que le pompeux étalage d'une végétation indisciplinée et d'une stérilité réelle.

Veillons donc sur notre cœur si nous voulons empêcher les mauvais instincts d'y pulluler. Souvenons-nous que pour un grain de vérité qui pénètre en nous, à l'aventure, bientôt peut germer un épi qui fructifierait au centuple ; et le temps viendra pour nous de recueillir des fruits mûrs et savoureux , là où nous n'avons encore fait jusqu'à ce jour que ramasser quelques feuilles sèches et sans utilité. C'est ainsi que la divine Providence , en multipliant les fleurs , nous a environné de mille et mille analogies dont la faiblesse de notre intelligence peut s'aider pour avancer dans le bien , comme le voyageur s'aide d'un bâton pour marcher et atteindre son but.

Heureux donc le cœur simple qui, suivant les douces inspirations de sa piété , cherche sa plus délicieuse récréation dans l'étude de la nature ! Pour lui, une prairie en fleurs est une précieuse collection où le grand artiste de l'univers a multiplié ses chefs-d'œuvre ; il aime à se reposer avec les fleurs comme avec des amis de famille ; en les cultivant, il les aide à vivre, il les soutient et il les guérit quand elles sont malades. Chaque matin lui promet de leur part de nouvelles jouissances ; chaque soir lui donne une nouvelle moisson; et ses soins, régulièrement payés par de nouveaux et incessants plaisirs, remplissent agréablement ses jours. C'est en consacrant ses loisirs à cette intéressante occupation, qu'il obtient enfin une de ces bénédictions qui, en rendant la vie meilleure, la rendent aussi plus méritoire et plus digne de récompense.

A vous sans doute, ô mon Dieu! le parfum des fleurs et les fleurs elles-mêmes! A vous aussi les âmes et les âmes tout entières! Que les unes et les autres vous bénissent donc de les avoir faites si belles!..... Puissions-nous avoir contribué nous-mêmes à ennoblir le rôle des unes et à réveiller la reconnaissance des autres! Tel était notre but en commençant ces réflexions; tel est encore, en les finissant, le plus ardent de nos vœux!

Dextram scriptoris benedicat Mater honoris!

TABLE.

BESANÇON, IMPRIMERIE DE J. BONVALOT.

www.ingramcontent.com/pod-product-compliance
Ingram Content Group UK Ltd.
Pitfield, Milton Keynes, MK11 3LW, UK
UKHW021134260726
13994UKWH00001B/125